理工系の
線形代数
改訂版

硲 文夫 著

JN223439

培風館

は じ め に

　拙著「理工系の線形代数」(1998 年刊) が発行されてから 20 余年ほど経ったが，その間，幸いにして多くの読者に恵まれ，さらには，教養教育向けの教科書として採用していただいてきた．この度，読者からの質問・問い合わせ，教科書として使用していただいた先生方からの要望等を反映させ，よりわかりやすく使いやすい教科書をめざして改訂することになった．

　改訂点は以下のとおりである：
・行列を初めて学ぶ学生にも対応できるように第 1 章を設け，「行列」とその概念などを解説した．
・「基本行列」の重要性に鑑み，内容を 2 つの章に分けて拡充した．
・実際の計算で役に立つ「クラメルの公式」について新たに一章を設けた．
・線形代数が世の中でどのように役立っているか「補遺」を設けて紹介した．
・各章の内容に対応する解説動画を作成した．

　以上の改訂によって，
　　「線形代数は行列を基本的な道具として，いろいろな数学的対象の本質を統
　　一的に研究する学問である」
との本書の立場をより明確にすることができた．たとえば，連立方程式を解く場合には，その方程式を行列で表現してその行列の特徴を「基本変形」を用いてあらわにすることで，統一的な解法を手にすることができる．その後，「逆行列」「行列式」「固有値・固有ベクトル」「行列の対角化」など，線形代数自身にとっても，また，その物理学や工学への応用にとっても欠くことができない重要なテーマへと進んでいくが，どれも基本変形を正しく理解していればやはり統一的な方法で解決できる．これをふまえて本書では第 2 章で「基本変形」を導入し，早いうちからその使い方に習熟できるようにしている．

　また，興味をもって線形代数を学んでもらえるよう線形代数の現実世界への応用も紹介した．その中でも，Google の検索の技術に貢献していることは，案

外知られていない．改訂にあたり，本書では一つのセクションを設けてその解説にあてた．固有値・固有ベクトルが世の役に立っていることを示す格好の題材であり，学習の動機づけにもなるであろう．また，「ライツアウト」とよばれるゲームも，成分が 0 と 1 しかない行列を用いた「mod 2」の世界での線形代数によって解決できることから，情報科学への応用の一例として一つのセクションを設けている．

さらに本改訂版の大きな特徴は，それぞれの章に対応する解説動画を付けたことである．目と耳も使うことで，理解をより深めることができるよう配慮した．動画は，培風館のホームページ

```
http://www.baifukan.co.jp/shoseki/kanren.html
```

から本書の HP にいくことで見ることができる．Google の検索技術に限らず，天気予報に行列が本質的な役割をはたしていることも解説動画 (第 14 回) で見るとおりである．さらに，今日の授業はよくわからなかったからもう一度，という復習にも，次の授業はどんなことをやるのか，という予習にも役立ててほしい．

2024 年 10 月

硲　文夫

初版 まえがき

　本書は，線形代数学の，もっと親しみやすい教科書・入門書を作りたい，という希望から生まれたものである．その記述は，読者がつねに具体例を通して一般論を理解することができるよう心掛けた．したがって，いわゆる「線形空間の公理」からスタートしていろいろな定理や性質を導くのではなく，「行列とベクトル」という目に見え，手で触れられる対象の正しい取扱い方と応用法に習熟することに重点を置く．しかし，その背後にある「線形性」に対する感覚も，読み進むうちに養われてゆくように，例や題材の配列には工夫したつもりである．

　本書は17章から成っているが，1つの章に1つのテーマ，という構成になっており，また各章の終わりには練習問題をつけた．その章のテーマとなった手法が身についたかどうか，各自確認しながら進めるようにしたかったからである．

　「数学の本を勉強するときは，紙と鉛筆を使え」というのが普通の指導法であろうが，この本は，まず鉛筆を置いて，目と頭で読んでみてほしい．あらゆる式変形や，論理的な道筋には，すべてなぜそうなるのか，という理由をつけてあるし，むしろ1つの章ごとの発想の流れをこそ，体得してほしいからである．

　最後に，このような本を書く機会を与えてくださった培風館に厚く感謝する．

　1998年8月

硲　　文夫

全般的な注意

- 予備知識としては，x や y 等の変数を含む計算ができれば十分である．

- 本書では，おもに成分が実数の行列やベクトルを中心に述べるが，第 16 章までの内容は，複素数や有理数，有限体などを成分とする場合についてもすべてそのまま通用する．

- 第 17 章以降は，複素数を扱うときに必要な変更点・注意点を各章の終わりにまとめて，「◇◇◇◇」以降の ∗ を付けた節にまとめて述べた．

- 何らかの命題 p, q に対し「$p \Longleftrightarrow q$」と書いたら，「p と q とは同値である」という意味である．

目　　次

1. 行列とその演算

本章では，線形代数学全般において基本となる対象の「行列」を導入し，行列をあつかうときに必要となる概念・名称を解説する．

1.1 行列の型

以下の (1) から (4) は行列の例である：

$$(1) \begin{pmatrix} 0 & 3 & 2 \\ 7 & 6 & 8 \end{pmatrix} \quad (2) \begin{pmatrix} 1 & 0 \\ 2 & 4 \end{pmatrix} \quad (3) \begin{pmatrix} 8 & 1 & 9 & 2 \end{pmatrix} \quad (4) \begin{pmatrix} 2 \\ 5 \\ 6 \end{pmatrix}$$

このように，数を長方形状に並べて丸カッコでくくったものを「**行列**」という．そして，その横の並びを「**行**」，縦の並びを「**列**」という．ここで，上の (1) の行列は行が 2 つ，列が 3 つあり，「2 行 3 列の行列」あるいは「2 × 3 行列」とよぶ．したがって

(2) の行列は，2 × 2 行列

(3) の行列は，1 × 4 行列

(4) の行列は，3 × 1 行列

である．上の (2) のように，行の数と列の数が等しい行列を「**正方行列**」，その行の数が n のときは「**n 次正方行列**」あるいは「**n 次行列**」とよぶ．したがって，(2) の行列は 2 次行列の例である．また，(3) のように，1 行だけからなる行列を「**行ベクトル**」，(4) のように，1 列だけからなる行列を「**列ベクトル**」という．

1.2 行，列の名前

行列の行は上から順に番号を付けて

「第 1 行，第 2 行，第 3 行，$\cdots$」

とよぶ．また，行列の列は左から順に番号を付けて

「第 1 列，第 2 列，第 3 列，$\cdots$」

とよぶ．したがって，上の (1) の行列の場合は

$$
\begin{array}{c}
\begin{array}{ccc}
\text{第} & \text{第} & \text{第} \\
1 & 2 & 3 \\
\text{列} & \text{列} & \text{列} \\
\downarrow & \downarrow & \downarrow
\end{array} \\
\begin{array}{l}
\text{第 1 行} \rightarrow \\
\text{第 2 行} \rightarrow
\end{array}
\left(
\begin{array}{ccc}
0 & 3 & 2 \\
7 & 6 & 8
\end{array}
\right)
\end{array}
$$

というように名付けられる．そして第 i 行，第 j 列にある数を「(i, j) 成分」とよぶ．したがって，上の行の真ん中の「3」は「$(1, 2)$ 成分」，右下の「8」は「$(2, 3)$ 成分」である．

1.3 行列の和

同じ型の行列を足すことができる．それは，同じ場所にある成分どうしの和の行列と定義する．たとえば

$$
\left(
\begin{array}{ccc}
1 & 2 & 3 \\
4 & 5 & 6
\end{array}
\right)
+
\left(
\begin{array}{ccc}
7 & 8 & 9 \\
10 & 11 & 12
\end{array}
\right)
=
\left(
\begin{array}{ccc}
1+7 & 2+8 & 3+9 \\
4+10 & 5+11 & 6+12
\end{array}
\right)
$$

$$
=
\left(
\begin{array}{ccc}
8 & 10 & 12 \\
14 & 16 & 18
\end{array}
\right)
$$

1.4 行列の差

同じ型の行列を引くことができる．それは，同じ場所にある成分どうしの差の行列と定義する．たとえば

$$
\left(
\begin{array}{ccc}
1 & 2 & 3 \\
4 & 5 & 6
\end{array}
\right)
-
\left(
\begin{array}{ccc}
7 & 8 & 9 \\
10 & 11 & 12
\end{array}
\right)
=
\left(
\begin{array}{ccc}
1-7 & 2-8 & 3-9 \\
4-10 & 5-11 & 6-12
\end{array}
\right)
$$

$$
=
\left(
\begin{array}{ccc}
-6 & -6 & -6 \\
-6 & -6 & -6
\end{array}
\right)
$$

1.5 行列の定数倍

定数 c を行列に掛けることができる．それは，行列のそれぞれの成分を c 倍した行列と定義する．たとえば

$$
c
\left(
\begin{array}{ccc}
1 & 2 & 3 \\
4 & 5 & 6
\end{array}
\right)
=
\left(
\begin{array}{ccc}
c & 2c & 3c \\
4c & 5c & 6c
\end{array}
\right)
$$

1.6　行列の積

●行ベクトルと列ベクトルの積

成分の数が同じ行ベクトルと列ベクトルを掛けることができる．たとえば

$$\begin{pmatrix} 1 & 2 & 3 \end{pmatrix} \begin{pmatrix} 4 \\ 5 \\ 6 \end{pmatrix} = 1 \cdot 4 + 2 \cdot 5 + 3 \cdot 6$$
$$= 4 + 10 + 18 = 32$$

のように計算する．

●行列と列ベクトルの積

上記の行ベクトルと列ベクトルの掛け算を，左にある行列の各行ごとに行う．たとえば

$$\begin{pmatrix} 1 & 2 & 3 \\ 4 & 5 & 6 \end{pmatrix} \begin{pmatrix} 7 \\ 8 \\ 9 \end{pmatrix} = \begin{pmatrix} 1 \cdot 7 + 2 \cdot 8 + 3 \cdot 9 \\ 4 \cdot 7 + 5 \cdot 8 + 6 \cdot 9 \end{pmatrix}$$
$$= \begin{pmatrix} 50 \\ 122 \end{pmatrix}$$

●行列と行列の積

まず，同じ型の正方行列の場合についてことばで説明する．2つの2次行列 A, B の積は次のルールで計算する：

$$「積 AB の (i, j) 成分」=「A の第 i 行と B の第 j 列の積」 \tag{1.1}$$

たとえば，

$$A = \begin{pmatrix} 1 & 2 \\ 3 & 4 \end{pmatrix}, \quad B = \begin{pmatrix} 5 & 6 \\ 7 & 8 \end{pmatrix} \tag{1.2}$$

のとき，積 AB の $(1, 2)$ 成分は次のように計算される：

$$「A の第 1 行」 = \begin{pmatrix} 1 & 2 \end{pmatrix},$$
$$「B の第 2 列」 = \begin{pmatrix} 6 \\ 8 \end{pmatrix}$$

であるから，行ベクトルと列ベクトルの積のルールで

$$「AB の (1, 2) 成分」 = \begin{pmatrix} 1 & 2 \end{pmatrix} \begin{pmatrix} 6 \\ 8 \end{pmatrix}$$
$$= 1 \cdot 6 + 2 \cdot 8 = 22$$

になる．同様にして他の成分も計算すると，結果は

$$AB = \begin{pmatrix} 1 & 2 \\ 3 & 4 \end{pmatrix} \begin{pmatrix} 5 & 6 \\ 7 & 8 \end{pmatrix}$$

$$= \begin{pmatrix} 1 \cdot 5 + 2 \cdot 7 & 1 \cdot 6 + 2 \cdot 8 \\ 3 \cdot 5 + 4 \cdot 7 & 3 \cdot 6 + 4 \cdot 8 \end{pmatrix} = \begin{pmatrix} 19 & 22 \\ 43 & 50 \end{pmatrix}$$

と求められる．

2つの n 次行列 A, B の積も，ルールは (1.1) とまったく同じである．さらに，A, B が正方行列でない場合も積 AB が (1.1) と同じルールで計算できるが，1つだけ条件をみたす必要がある．それは，(1.1) で各成分が

「A の第 i 行と B の第 j 列の積」

として計算されるためには，

「A の第 i 行の長さ」＝「B の第 j 列の長さ」　　　(1.3)

という等式が成り立っている必要がある．そして

「A の第 i 行の長さ」＝「A の列数」，

「B の第 j 列の長さ」＝「B の行数」

であるから，(1.3) の条件は

「A の列数」＝「B の行数」

という条件になる．

行列の積について，ここまでみてきたことを定式化しておこう：

定義 1.1　A が $\ell \times m$ 行列で，B が $m \times n$ 行列のとき，**積** AB は

「積 AB の (i,j) 成分」＝「A の第 i 行と B の第 j 列の積」

(ただし，$1 \leq i \leq \ell$, $1 \leq j \leq n$) というルールによって計算される $\ell \times n$ 行列である．

行列の積について重要なのは，

「行列の積は交換法則をみたすとは限らない」　　　(1.4)

ということである．たとえば，本節の最初の (1.2) の2つの行列について

$$AB = \begin{pmatrix} 1 & 2 \\ 3 & 4 \end{pmatrix} \begin{pmatrix} 5 & 6 \\ 7 & 8 \end{pmatrix} = \begin{pmatrix} 19 & 22 \\ 43 & 50 \end{pmatrix}$$

であったが，順序を変えて BA を計算すると

$$BA = \begin{pmatrix} 5 & 6 \\ 7 & 8 \end{pmatrix} \begin{pmatrix} 1 & 2 \\ 3 & 4 \end{pmatrix} = \begin{pmatrix} 23 & 34 \\ 31 & 46 \end{pmatrix}$$

となるから

$$AB \neq BA$$

である．したがって，**交換法則は一般には成り立たない**．

● **単位行列**

行列 $A = \begin{pmatrix} a & b \\ c & d \end{pmatrix}$ と行列 $E_2 = \begin{pmatrix} 1 & 0 \\ 0 & 1 \end{pmatrix}$ を掛けてみると

$$AE_2 = \begin{pmatrix} a & b \\ c & d \end{pmatrix} \begin{pmatrix} 1 & 0 \\ 0 & 1 \end{pmatrix} = \begin{pmatrix} a & b \\ c & d \end{pmatrix} = A$$

であり，逆順に掛けても

$$E_2 A = \begin{pmatrix} 1 & 0 \\ 0 & 1 \end{pmatrix} \begin{pmatrix} a & b \\ c & d \end{pmatrix} = \begin{pmatrix} a & b \\ c & d \end{pmatrix} = A$$

である．このように行列 E_2 は，任意の 2 次行列 A に対して

$$AE_2 = E_2 A = A$$

という等式をみたしており，「2 次の単位行列」とよばれる．同様に 3 次行列

$$E_3 = \begin{pmatrix} 1 & 0 & 0 \\ 0 & 1 & 0 \\ 0 & 0 & 1 \end{pmatrix}$$

は，任意の 3 次行列 A に対して

$$AE_3 = E_3 A = A$$

という等式をみたしており，「3 次の単位行列」とよばれる．一般の n に対しても n 次行列 E_n を

$$E_n = \begin{pmatrix} 1 & 0 & \cdots & 0 & 0 \\ 0 & 1 & \cdots & 0 & 0 \\ \vdots & \vdots & \ddots & \vdots & \vdots \\ 0 & 0 & \cdots & 1 & 0 \\ 0 & 0 & \cdots & 0 & 1 \end{pmatrix}$$

で定義すると，E_n は任意の n 次行列 A に対して

$$AE_n = E_nA = A \tag{1.5}$$

という等式をみたしており，「n 次の単位行列」とよばれる．

　先ほど (1.4) において，行列の積は交換法則をみたすとは限らない，と述べたが，単位行列 E_n の場合は (1.5) のように，任意の行列 A に対して

$$AE_n = E_nA$$

が成り立っており，交換法則をみたしている．したがって，どのようなときに交換法則が成り立つか，ということを頭に入れていくことが重要である．

●行列の積の結合法則

　一般に，3 つの n 次行列 A, B, C に対して，**結合法則**とよばれる等式

$$(AB)C = A(BC) \tag{1.6}$$

が成り立つ．ここでは 2 次行列のときに証明を与えておく．そこで

$$A = \begin{pmatrix} a & b \\ c & d \end{pmatrix}, \quad B = \begin{pmatrix} p & q \\ r & s \end{pmatrix}, \quad C = \begin{pmatrix} x & y \\ z & w \end{pmatrix}$$

とおき，(1.6) の両辺を計算していこう．まず左辺は

$$(左辺) = (AB)C$$

$$= \left\{ \begin{pmatrix} a & b \\ c & d \end{pmatrix} \begin{pmatrix} p & q \\ r & s \end{pmatrix} \right\} \begin{pmatrix} x & y \\ z & w \end{pmatrix}$$

$$= \begin{pmatrix} ap+br & aq+bs \\ cp+dr & cq+ds \end{pmatrix} \begin{pmatrix} x & y \\ z & w \end{pmatrix}$$

$$= \begin{pmatrix} (ap+br)x + (aq+bs)z & (ap+br)y + (aq+bs)w \\ (cp+dr)x + (cq+ds)z & (cp+dr)y + (cq+ds)w \end{pmatrix}$$

$$= \begin{pmatrix} a(px+qz) + b(rx+sz) & a(py+qw) + b(ry+sw) \\ c(px+qz) + d(rx-sz) & c(py+qw) + d(ry+sw) \end{pmatrix}$$

一方，右辺は

$$(左辺) = A(BC)$$

$$= \begin{pmatrix} a & b \\ c & d \end{pmatrix} \left\{ \begin{pmatrix} p & q \\ r & s \end{pmatrix} \begin{pmatrix} x & y \\ z & w \end{pmatrix} \right\}$$

$$= \left(\begin{array}{cc} a & b \\ c & d \end{array} \right) \left(\begin{array}{cc} px + qz & py + qw \\ rx + sz & ry + sw \end{array} \right)$$

$$= \left(\begin{array}{cc} a(px + qz) + b(rx + sz) & a(py + qw) + b(ry + sw) \\ c(px + qz) + d(rx + sz) & c(py + qw) + d(ry + sw) \end{array} \right)$$

となって両辺の計算結果が一致するから (1.6) の結合法則が成り立つ.

第1章の練習問題

1. 次の行列の計算を行え.

(1) $\left(\begin{array}{ccc} 1 & -2 & 3 \\ -4 & 6 & -8 \end{array} \right) + \left(\begin{array}{ccc} 5 & 7 & 1 \\ 7 & -4 & 9 \end{array} \right)$　　(2) $\left(\begin{array}{cc} 4 & 7 \\ 5 & 9 \end{array} \right) - \left(\begin{array}{cc} 1 & 6 \\ 1 & 8 \end{array} \right)$

2. 次の行列の計算を行え.

(1) $\left(\begin{array}{ccc} -3 & 4 & -5 \end{array} \right) \left(\begin{array}{c} 5 \\ 7 \\ 2 \end{array} \right)$　　(2) $\left(\begin{array}{cc} 1 & -2 \\ -3 & 4 \end{array} \right) \left(\begin{array}{cc} 3 & 5 \\ 2 & 4 \end{array} \right)$

3. 次の等式をみたす x, y を求めよ.

$$\left(\begin{array}{cc} 1 & 2 \\ 3 & 5 \end{array} \right) \left(\begin{array}{c} x \\ y \end{array} \right) = \left(\begin{array}{c} 1 \\ 4 \end{array} \right)$$

4. (1)　次の等式をみたす a, b, c, d を求めよ.

$$\left(\begin{array}{cc} 1 & 2 \\ 3 & 5 \end{array} \right) \left(\begin{array}{cc} a & b \\ c & d \end{array} \right) = \left(\begin{array}{cc} 1 & 0 \\ 0 & 1 \end{array} \right)$$

(2)　問 (1) で求めた a, b, c, d について次の積を求めよ.

$$\left(\begin{array}{cc} a & b \\ c & d \end{array} \right) \left(\begin{array}{cc} 1 & 2 \\ 3 & 5 \end{array} \right)$$

$\mathcal{2}$. 行列の基本変形 (1)

　本章では，中学・高校で学んだ連立方程式の解法を見直すことによって，「行列の基本変形」とよばれる操作が自然に現れることに着目し，基本変形を用いれば未知数の個数が何個であっても，連立方程式が統一的な方法で解ける，ということを説明する．

2.1　連立方程式の解法の復習

　たとえば，次のような連立方程式をどのように解いたかを，思い出してみよう：

$$\begin{cases} 2x + 4y = 8 & \cdots ① \\ -3x + 5y = -1 & \cdots ② \end{cases}$$

まず，① の係数は全部偶数だから両辺を 2 で割って

$$x + 2y = 4 \quad \cdots ③$$

となる．次に x を消去するために，③ を 3 倍して ② に加えた式をつくると

$$11y = 11 \quad \cdots ④$$

この式の両辺を 11 で割って

$$y = 1 \quad \cdots ⑤$$

これを ③ に代入すると

$$x + 2 = 4 \quad \cdots ⑥$$

となって

$$x = 2$$

が得られ，解が

$$\begin{cases} x = 2 \\ y = 1 \end{cases}$$

というように求められる，というものであった．ここで，式 ⑥ を導くのに，y の値を代入するのではなく，「⑤ の (-2) 倍を ③ に加える」ことによっても ⑥

が得られることに注意すると，途中で行った変形は次の 2 つの操作だけである
ことがわかる：

  (I)　「ある式の何倍かを他の式に加える」，

  (II)「ある式を何倍かする」

　これは上の例に限らないことであって，どのような 2 元 1 次連立方程式につ
いてもこの 2 つでよいということも，他の連立方程式を解いたときを思い出し
てみればわかるだろう．

2.2　連立方程式の行列表示

　前節の式変形を行列を用いて表現してみよう．まず，与えられた方程式

$$\begin{cases} 2x + 4y = 8 & \cdots ① \\ -3x + 5y = -1 & \cdots ② \end{cases}$$

の左辺の係数だけ取り出して

$$\begin{pmatrix} 2 & 4 \\ -3 & 5 \end{pmatrix}$$

という行列をつくる．これを「**係数行列**」とよぶ．また，連立方程式の右辺も
あわせてつくった

$$\begin{pmatrix} 2 & 4 & 8 \\ -3 & 5 & -1 \end{pmatrix}$$

という行列を「**拡大係数行列**」とよぶ．こちらは左辺と右辺の境界を示すために

$$\begin{pmatrix} 2 & 4 & \bigm| & 8 \\ -3 & 5 & \bigm| & -1 \end{pmatrix} \tag{2.1}$$

というように縦棒「｜」を入れて書き表すことが多い．

　では，前節で行った変形が行列ではどういう変形に対応するかみていこう．

　最初に行ったのは「$① \times \frac{1}{2}$」という操作だったが，式 ① が行列 (2.1) の第
1 行になっているので，行列では「$1\,行 \times \frac{1}{2}$」という操作になる．これを次の
ように書き表す：

$$\begin{pmatrix} 2 & 4 & \bigm| & 8 \\ -3 & 5 & \bigm| & -1 \end{pmatrix} \xrightarrow{\;1\,行 \times \frac{1}{2}\;} \begin{pmatrix} 1 & 2 & \bigm| & 4 \\ -3 & 5 & \bigm| & -1 \end{pmatrix}$$

(⇐「第 1 行」の「第」は省略してよい．) 次に「$③ \times 3 + ②$」という変形を行っ

たが，式 ③ は，この右側の行列の第 1 行になっているので，そのまま続けて

$$\xrightarrow{\,1\,\text{行}\,\times\,3\,+\,2\,\text{行}\,}\left(\begin{array}{cc|c} 1 & 2 & 4 \\ 0 & 11 & 11 \end{array}\right)$$

と書く．次は，式 ④ の両辺を $\dfrac{1}{11}$ 倍したが，式 ④ はいまの行列の第 2 行になっているので

$$\xrightarrow{\,2\,\text{行}\,\times\,\frac{1}{11}\,}\left(\begin{array}{cc|c} 1 & 2 & 4 \\ 0 & 1 & 1 \end{array}\right)$$

　最後は「⑤ の (-2) 倍を ③ に加える」でよかったが，⑤ はいまの行列の第 2 行，③ は第 1 行だから

$$\xrightarrow{\,2\,\text{行}\,\times\,(-2)\,+\,1\,\text{行}\,}\left(\begin{array}{cc|c} 1 & 0 & 2 \\ 0 & 1 & 1 \end{array}\right)$$

となる．ここで縦棒の左側が単位行列 $\left(\begin{array}{cc} 1 & 0 \\ 0 & 1 \end{array}\right)$ になっていることに注意してほしい．それは，この行列を連立方程式の形にもどすと

$$\begin{cases} 1\cdot x + 0 \cdot y = 2 \\ 0 \cdot x + 1 \cdot y = 1 \end{cases}$$

すなわち

$$\begin{cases} x = 2 \\ y = 1 \end{cases}$$

となっていて，連立方程式が解けたことになるのである．

2.3　行列の基本変形

　前節での行列を用いた解のプロセスを順に並べると次のようになる：

$$\left(\begin{array}{cc|c} 2 & 4 & 8 \\ -3 & 5 & -1 \end{array}\right) \xrightarrow{\,1\,\text{行}\,\times\,\frac{1}{2}\,} \left(\begin{array}{cc|c} 1 & 2 & 4 \\ -3 & 5 & -1 \end{array}\right)$$

$$\xrightarrow{\,1\,\text{行}\,\times\,3\,+\,2\,\text{行}\,} \left(\begin{array}{cc|c} 1 & 2 & 4 \\ 0 & 11 & 11 \end{array}\right)$$

$$\xrightarrow{\,2\,\text{行}\,\times\,\frac{1}{11}\,} \left(\begin{array}{cc|c} 1 & 2 & 4 \\ 0 & 1 & 1 \end{array}\right)$$

$$\xrightarrow{\,2\,\text{行}\,\times\,(-2)\,+\,1\,\text{行}\,} \left(\begin{array}{cc|c} 1 & 0 & 2 \\ 0 & 1 & 1 \end{array}\right)$$

最後に縦棒の左側が単位行列になるまで合計 4 回の変形を行ったが，その変形のパターンは次の 2 種類しかない：

- (I)　「ある行を何倍かして他の行に加える」，

- (II)　「ある行を何倍かする」

この上の変形を「I 型の基本変形」，下の変形を「II 型の基本変形」とよぶ.

　ここまででわかったことを命題としてまとめておこう：

命題 2.1　連立方程式 $\begin{cases} ax + by = p \\ cx + dy = q \end{cases}$ の係数を取り出して，拡大係数行列

$$\left(\begin{array}{cc|c} a & b & p \\ c & d & q \end{array} \right)$$

をつくる. そして何回か基本変形を行って縦棒の左側が単位行列になるようにする：

$$\left(\begin{array}{cc|c} 1 & 0 & r \\ 0 & 1 & s \end{array} \right)$$

このとき，連立方程式の解は

$$\begin{cases} x = r \\ y = s \end{cases}$$

である.

　未知数の個数が 3 個の場合も，基本的に解法は命題 2.1 と同様である. 例題をとおしてそれをみていこう.

例題 2.1　次の連立方程式を基本変形を利用して解け.

$$\begin{cases} x + 2y + 2z = 2 \\ 3x + 8y + 4z = 6 \\ 2x + 8y + z = 5 \end{cases}$$

[**解**]　行列表示して以下のように基本変形を行っていけばよい：

$$\begin{pmatrix} 1 & 2 & 2 & 2 \\ 3 & 8 & 4 & 6 \\ 2 & 8 & 1 & 5 \end{pmatrix} \xrightarrow[\text{1 行} \times (-2) + \text{3 行}]{\text{1 行} \times (-3) + \text{2 行}} \begin{pmatrix} 1 & 2 & 2 & 2 \\ 0 & 2 & -2 & 0 \\ 0 & 4 & -3 & 1 \end{pmatrix}$$

$$\xrightarrow{\text{2 行} \times \frac{1}{2}} \begin{pmatrix} 1 & 2 & 2 & 2 \\ 0 & 1 & -1 & 0 \\ 0 & 4 & -3 & 1 \end{pmatrix}$$

$$\xrightarrow[\text{2 行} \times (-4) + \text{3 行}]{\text{2 行} \times (-2) + \text{1 行}} \begin{pmatrix} 1 & 0 & 4 & 2 \\ 0 & 1 & -1 & 0 \\ 0 & 0 & 1 & 1 \end{pmatrix}$$

$$\xrightarrow[\text{3 行} \times 1 + \text{2 行}]{\text{3 行} \times (-4) + \text{1 行}} \begin{pmatrix} 1 & 0 & 0 & -2 \\ 0 & 1 & 0 & 1 \\ 0 & 0 & 1 & 1 \end{pmatrix}$$

縦棒の左側が単位行列になったのでこれでゴールで，このとき縦棒の右側が解を与える：

$$\begin{cases} x = -2 \\ y = 1 \\ z = 1 \end{cases}$$ □

2.4 行の入れかえ：III 型の基本変形

いままで 2 種類の基本変形で連立方程式を解いてきたが，未知数の数が多くなると，次の例題でみるように，I 型，II 型の基本変形だけではゴールに到達できない場合も現れる．そのときに助けてくれるのが

III 型の基本変形：「ある行と他の行を入れかえる」

である．その使い方をみてみよう：

例題 2.2 次の連立方程式を基本変形を利用して解け．

$$\begin{cases} x - 2y + 2z = 1 \\ 3x - 6y + 4z = 1 \\ 2x - \ y - 2z = 2 \end{cases}$$

[**解**] 行列表示して以下のように基本変形を行うと

$$\begin{pmatrix} 1 & -2 & 2 & 1 \\ 3 & -6 & 4 & 1 \\ 2 & -1 & -2 & 2 \end{pmatrix} \xrightarrow[\text{1 行} \times (-2) + \text{3 行}]{\text{1 行} \times (-3) + \text{2 行}} \begin{pmatrix} 1 & -2 & 2 & 1 \\ 0 & 0 & -2 & -2 \\ 0 & 3 & -6 & 0 \end{pmatrix}$$

となって第1列は完成するのだが，次に第2列に目をうつすと，単位行列なら「1」があるべき $(2,2)$ 成分が「0」になっていて，第2行を何倍しても「1」にはできない．こういうときに役立つのが Ⅲ 型の基本変形で，

「第2行と第3行を入れかえる」

という変形を行うと

$$\xrightarrow[\text{を入れかえ}]{2\,\text{行と}3\,\text{行}} \left(\begin{array}{ccc|c} 1 & -2 & 2 & 1 \\ 0 & 3 & -6 & 0 \\ 0 & 0 & -2 & -2 \end{array}\right)$$

というように，$(2,2)$ 成分が「0」ではなくなった．あとはいままでのように変形していけば

$$\xrightarrow{2\,\text{行} \times \frac{1}{3}} \left(\begin{array}{ccc|c} 1 & -2 & 2 & 1 \\ 0 & 1 & -2 & 0 \\ 0 & 0 & -2 & -2 \end{array}\right)$$

$$\xrightarrow{2\,\text{行} \times 2 + 1\,\text{行}} \left(\begin{array}{ccc|c} 1 & 0 & -2 & 1 \\ 0 & 1 & -2 & 0 \\ 0 & 0 & -2 & -2 \end{array}\right)$$

$$\xrightarrow{3\,\text{行} \times (-\frac{1}{2})} \left(\begin{array}{ccc|c} 1 & 0 & -2 & 1 \\ 0 & 1 & -2 & 0 \\ 0 & 0 & 1 & 1 \end{array}\right)$$

$$\xrightarrow[3\,\text{行} \times 2 + 2\,\text{行}]{3\,\text{行} \times 2 + 1\,\text{行}} \left(\begin{array}{ccc|c} 1 & 0 & 0 & 3 \\ 0 & 1 & 0 & 2 \\ 0 & 0 & 1 & 1 \end{array}\right)$$

となる．これで縦棒の左側が単位行列になったので，解は

$$\begin{cases} x = 3 \\ y = 2 \\ z = 1 \end{cases}$$

である．$\hfill\square$

   3元1次連立方程式の解法をまとめておく．命題 2.1 と比べてみるとわかるように，形はまったく同様である．したがって，未知数が一般に n 個の場合でも同様なやり方で解くことができる：

命題 2.2　連立方程式 $\begin{cases} ax + by + cz = p \\ dx + ey + fz = q \\ gx + hy + iz = r \end{cases}$　の係数を取り出して，行列

$$\left(\begin{array}{ccc|c} a & b & c & p \\ d & e & f & q \\ g & h & i & r \end{array} \right)$$

をつくる．そして何回か基本変形を行って縦棒の左側が単位行列になるようにする：

$$\left(\begin{array}{ccc|c} 1 & 0 & 0 & s \\ 0 & 1 & 0 & t \\ 0 & 0 & 1 & u \end{array} \right)$$

このとき，連立方程式の解は

$$\begin{cases} x = s \\ y = t \\ z = u \end{cases}$$

である．

第 2 章の練習問題

1. 次の連立方程式を基本変形を用いて解け．

(1) $\begin{cases} x + 3y = -1 \\ -2x - 5y = 1 \end{cases}$　(2) $\begin{cases} 3x - 6y = 3 \\ 4x - 9y = 3 \end{cases}$　(3) $\begin{cases} -2x - 2y = 4 \\ 3x - 5y = 18 \end{cases}$

2. 次の連立方程式を基本変形を用いて解け．

(1) $\begin{cases} x + 3y + 5z = 2 \\ 2x + 7y + 13z = 5 \\ -3x - 7y - 8z = -3 \end{cases}$　(2) $\begin{cases} 3y + 4z = 3 \\ x + 2y + 3z = 4 \\ 3x + 5y + 7z = 11 \end{cases}$

3. 次のような基本変形の結果になるように a, b, c の値を定めよ．

(1) $\left(\begin{array}{cc|c} 1 & 2 & 1 \\ 2 & 5 & 1 \end{array} \right) \xrightarrow{\ 1\,行 \times a + 2\,行\ } \left(\begin{array}{cc|c} 1 & 2 & 1 \\ -1 & -1 & -2 \end{array} \right)$

(2) $\left(\begin{array}{ccc|c} 1 & 2 & 3 & 2 \\ 2 & 5 & 6 & 3 \\ 3 & 4 & 8 & 7 \end{array} \right) \begin{array}{c} \xrightarrow{\ 1\,行 \times b + 3\,行\ } \\ \xrightarrow{\ 2\,行 \times c + 3\,行\ } \end{array} \left(\begin{array}{ccc|c} 1 & 2 & 3 & 2 \\ 2 & 5 & 6 & 3 \\ 1 & -5 & 2 & 8 \end{array} \right)$

$\mathit{3}$. 連立方程式

前章では，連立方程式を基本変形によって解く方法を，解が一通りに決まる場合について解説した．本章は，解が一通りに決まらない場合も含めた「一般解」の求め方を説明する．行列の「ランク」という重要な概念が登場し，解の形を定めるための指針を与えることになる．

3.1　一般解の求め方：パラメータ表示

連立方程式の解をいくつかのパラメータを用いて表示する方法をみていきたい．まず，未知数が3つの場合からはじめる．

●未知数が3つの場合

たとえば，連立方程式

$$\begin{cases} x + 2y + 3z = 3 \\ 4x + 5y + 6z = 3 \\ 7x + 8y + 9z = 3 \end{cases}$$

を基本変形で解いてみよう：

$$\left(\begin{array}{ccc|c} 1 & 2 & 3 & 3 \\ 4 & 5 & 6 & 3 \\ 7 & 8 & 9 & 3 \end{array} \right) \xrightarrow[\text{1 行} \times (-7) + 3 \text{行}]{\text{1 行} \times (-4) + 2 \text{行}} \left(\begin{array}{ccc|c} 1 & 2 & 3 & 3 \\ 0 & -3 & -6 & -9 \\ 0 & -6 & -12 & -18 \end{array} \right)$$

$$\xrightarrow{\text{2 行} \times (-\frac{1}{3})} \left(\begin{array}{ccc|c} 1 & 2 & 3 & 3 \\ 0 & 1 & 2 & 3 \\ 0 & -6 & -12 & -18 \end{array} \right)$$

$$\xrightarrow[\text{2 行} \times 6 + 3 \text{行}]{\text{2 行} \times (-2) + 1 \text{行}} \left(\begin{array}{ccc|c} 1 & 0 & -1 & -3 \\ 0 & 1 & 2 & 3 \\ 0 & 0 & 0 & 0 \end{array} \right)$$

となるが，これ以上単位行列に近づけることはもうできない．そこでこの時点で式に翻訳してみよう．連立方程式を行列で表したときと逆の操作をするのである．すると

$$\begin{cases} 1 \cdot x + 0 \cdot y + (-1) \cdot z = -3 \\ 0 \cdot x + 1 \cdot y + \quad 2 \cdot z = 3 \\ 0 \cdot x + 0 \cdot y + \quad 0 \cdot z = 0 \end{cases}$$

となる．3番目の式は「$0=0$」であるから除外すると

$$\begin{cases} x \quad - \quad z = -3 \\ \quad y + 2z = 3 \end{cases}$$

の2つが有効な式として残る．ここで「$z = \alpha$」（α はパラメータ）とおいて得られる式

$$\begin{cases} x \quad - \quad \alpha = -3 \\ \quad y + 2\alpha = 3 \end{cases}$$

を移項すると

$$\begin{cases} x = \alpha - 3 \\ y = -2\alpha + 3 \\ z = \alpha \end{cases}$$

という「解のパラメータ表示」が得られる．

このようにパラメータを用いて表した解を「**一般解**」とよぶ．与えられた連立方程式のすべての解は，そのパラメータに何らかの値を代入することによって得られる，という意味で「最も一般的な解」なのである．

●未知数が4つの場合

今度は，未知数が「x, y, z, w」の4つの場合である．たとえば，連立方程式

$$\begin{cases} x + 2y + \quad 3z + \quad 4w = 6 \\ 2x + 4y + \quad 7z + 11w = 9 \\ 3x + 6y + 10z + 15w = 15 \\ 2x + 4y + \quad 8z + 14w = 6 \end{cases}$$

を基本変形で解いてみよう：

$$\begin{pmatrix} 1 & 2 & 3 & 4 & \vline & 6 \\ 2 & 4 & 7 & 11 & \vline & 9 \\ 3 & 6 & 10 & 15 & \vline & 15 \\ 2 & 4 & 8 & 14 & \vline & 6 \end{pmatrix}$$

$$\xrightarrow[\text{1行} \times (-3) + \text{3行, 1行} \times (-2) + \text{4行}]{\text{1行} \times (-2) + \text{2行}} \begin{pmatrix} 1 & 2 & 3 & 4 & \vline & 6 \\ 0 & ⓪ & 1 & 3 & \vline & -3 \\ 0 & 0 & 1 & 3 & \vline & -3 \\ 0 & 0 & 2 & 6 & \vline & -6 \end{pmatrix}$$

いままでの例だと，この「○」で囲んだところに必ず0でない数があって，その逆数を第2行に掛けてここを「1」にするのが次のステップだった．しかも，その下も全部「0」なので，第2行と第3行，あるいは第4行と入れかえてもこの状況は変わらない．こういうときはこの「⓪」の右に目を転じて，そこにある「1」を使って，その上下を「0」にする．その方針で基本変形を続けると

$$\xrightarrow[\text{2 行} \times (-1) + \text{3 行}, \ \text{2 行} \times (-2) + \text{4 行}]{\text{2 行} \times (-3) + \text{1 行}} \left(\begin{array}{cccc|c} 1 & 2 & 0 & -5 & 15 \\ 0 & 0 & 1 & 3 & -3 \\ 0 & 0 & 0 & 0 & 0 \\ 0 & 0 & 0 & 0 & 0 \end{array} \right)$$

となり，これでゴールである．この最後の形を「階段形」という．次節でその一般的な特徴を述べるが，いまは，ここからパラメータ表示がすぐでてくる，ということを先に説明する．この時点で式に翻訳してみると

$$\begin{cases} x + 2y \quad\ \ - 5w = 15 \\ \qquad\quad\ z + 3w = -3 \end{cases}$$

の2つが有効な式として残る．ここで「$y = \alpha, w = \beta$」（α, β はパラメータ）とおいて移項すると

$$\begin{cases} x = -2\alpha + 5\beta + 15 \\ y = \alpha \\ z = -3\beta - 3 \\ w = \beta \end{cases}$$

という解のパラメータ表示が得られる．

3.2 階段形

前節で現れた「階段形」の一般的な定義は次のようになる：

定義 3.1 次の形の行列

$$\left(\begin{array}{cccccccccccc} 1 & * & \cdots & * & 0 & * & \cdots & * & 0 & * & \cdots & * \\ 0 & 0 & \cdots & 0 & 1 & * & \cdots & * & 0 & * & \cdots & * \\ \vdots & \vdots & \cdots & \vdots & \vdots & \vdots & \cdots & \vdots & \vdots & \vdots & \cdots & \vdots \\ 0 & 0 & \cdots & 0 & 0 & 0 & \cdots & 0 & 1 & * & \cdots & * \\ 0 & 0 & 0 & 0 & 0 & 0 & 0 & 0 & 0 & 0 & 0 & 0 \\ \vdots & \vdots & \cdots & \vdots & \vdots & \vdots & \cdots & \vdots & \vdots & \vdots & \cdots & \vdots \\ 0 & 0 & 0 & 0 & 0 & 0 & 0 & 0 & 0 & 0 & 0 & 0 \end{array} \right)$$

を**階段形**という．そして

$$\begin{pmatrix} ① & * & \cdots & * & 0 & * & \cdots & * & 0 & * & \cdots & * \\ 0 & 0 & \cdots & 0 & ① & * & \cdots & * & 0 & * & \cdots & * \\ \vdots & \vdots & \cdots & \vdots & \vdots & \vdots & \cdots & \vdots & \vdots & \vdots & \cdots & \vdots \\ 0 & 0 & \cdots & 0 & 0 & 0 & \cdots & 0 & ① & * & \cdots & * \\ 0 & 0 & 0 & 0 & 0 & 0 & 0 & 0 & 0 & 0 & 0 & 0 \\ \vdots & \vdots & \cdots & \vdots & \vdots & \vdots & \cdots & \vdots & \vdots & \vdots & \cdots & \vdots \\ 0 & 0 & 0 & 0 & 0 & 0 & 0 & 0 & 0 & 0 & 0 & 0 \end{pmatrix}$$

というように階段を書き入れたときの階段の段数をこの行列の「**ランク**」，あるいは「**階数**」という．ただし，「∗」は必ずしも0でない数を表す．

また，行列 A に基本変形を行って階段形にしたときのランクを，行列 A のランクといい，$\mathrm{rank}A$ と表す．

階段形の特徴は

(1) 1つの階の高さは行1つ分．

(2) 階段の下はすべて「0」．

(3) 階段を降りるところはすべて「1」．

(4) 階段を降りたところの「1」の上の成分はすべて「0」．

という4点である．

たとえば，図3.1は階段形であり，そのランクは4である．

$$\begin{pmatrix} ① & 2 & 0 & 3 & 4 & 0 & 0 & 5 & 6 & 7 \\ 0 & 0 & ① & 8 & 9 & 0 & 0 & 10 & 11 & 12 \\ 0 & 0 & 0 & 0 & 0 & ① & 0 & 13 & 14 & 15 \\ 0 & 0 & 0 & 0 & 0 & 0 & ① & 16 & 17 & 18 \\ 0 & 0 & 0 & 0 & 0 & 0 & 0 & 0 & 0 & 0 \\ 0 & 0 & 0 & 0 & 0 & 0 & 0 & 0 & 0 & 0 \end{pmatrix}$$

図 3.1　階段形の例

3.3 階段形からパラメータ表示へ

では，連立方程式を行列で表して基本変形を行って階段形にすることができ
たとき，それを用いて解のパラメータ表示をつくる方法を説明する．まず，具
体例からみてみよう．

●**具 体 例**

未知数が $x_1, x_2, \cdots, x_9$ の 9 個の連立方程式の行列表示に基本変形を行って
得られた階段形が，次の形だったとしよう ($\Leftarrow$ これは前節の図 3.1 と同じであ
る．ただし最後の列に縦棒が入っている．)：

$$
\begin{array}{ccccccccc|c}
\text{1列} & \text{2列} & \text{3列} & \text{4列} & \text{5列} & \text{6列} & \text{7列} & \text{8列} & \text{9列} & \\
① & 2 & 0 & 3 & 4 & 0 & 0 & 5 & 6 & 7 \\
0 & 0 & ① & 8 & 9 & 0 & 0 & 10 & 11 & 12 \\
0 & 0 & 0 & 0 & 0 & ① & 0 & 13 & 14 & 15 \\
0 & 0 & 0 & 0 & 0 & 0 & ① & 16 & 17 & 18 \\
0 & 0 & 0 & 0 & 0 & 0 & 0 & 0 & 0 & 0 \\
0 & 0 & 0 & 0 & 0 & 0 & 0 & 0 & 0 & 0 \\
\end{array}
$$

図 3.2 連立方程式の行列表示の階段形

階段を降りるところの列の番号は

$$「1,\ 3,\ 6,\ 7」 \tag{3.1}$$

それ以外の列の番号は

$$「2,\ 4,\ 5,\ 8,\ 9」 \tag{3.2}$$

である．この (3.2) の番号をもつ未知数を順にパラメータとして

$$x_2 = \alpha_1,\ \ x_4 = \alpha_2,\ \ x_5 = \alpha_3,\ \ x_8 = \alpha_4,\ \ x_9 = \alpha_5 \tag{3.3}$$

とおく．これらを図 3.2 の行列を連立方程式に直した式

$$
\left\{
\begin{array}{l}
x_1 + 2x_2 \qquad\quad + 3x_4 + 4x_5 \qquad\qquad + \ 5x_8 + \ 6x_9 = 7 \\
\qquad\qquad x_3 + 8x_4 + 9x_5 \qquad\qquad + 10x_8 + 11x_9 = 12 \\
\qquad\qquad\qquad\qquad\qquad\quad x_6 \qquad + 13x_8 + 14x_9 = 15 \\
\qquad\qquad\qquad\qquad\qquad\qquad\qquad x_7 + 16x_8 + 17x_9 = 18
\end{array}
\right.
$$

に代入して，(3.1) の番号の未知数

$$x_1, \quad x_3, \quad x_6, \quad x_7$$

について解けばパラメータ表示

$$\begin{cases} x_1 = -2\alpha_1 - 3\alpha_2 - 4\alpha_3 - 5\alpha_4 - 6\alpha_5 + 7 \\ x_2 = \alpha_1 \\ x_3 = -8\alpha_2 - 9\alpha_3 - 10\alpha_4 - 11\alpha_5 + 12 \\ x_4 = \alpha_2 \\ x_5 = \alpha_3 \qquad\qquad (\alpha_1, \alpha_2, \alpha_3, \alpha_4, \alpha_5 \text{ はパラメータ}) \\ x_6 = -13\alpha_4 - 14\alpha_5 + 15 \\ x_7 = -16\alpha_4 - 17\alpha_5 + 18 \\ x_8 = \alpha_4 \\ x_9 = \alpha_5 \end{cases}$$

が得られる．ここで

$$(\text{未知数の個数}) - (\text{ランク}) = 9 - 4$$
$$= 5 = (\text{パラメータの個数})$$

という関係式が成り立っていることに注意しよう．

●一般の場合

以上を一般的な方法としてまとめると次のようになる：

命題 3.2 n 個の未知数 $x_1, x_2, \cdots, x_n$ に関する連立方程式の行列表示を基本変形して，階段形が

$$\left(\begin{array}{cccccccccccc|c} 1 & * & \cdots & * & 0 & * & \cdots & * & 0 & * & \cdots & * & d_1 \\ 0 & 0 & \cdots & 0 & 1 & * & \cdots & * & 0 & * & \cdots & * & d_2 \\ \vdots & \vdots & \cdots & \vdots & \vdots & \vdots & \cdots & \vdots & \vdots & \vdots & \cdots & \vdots & \vdots \\ 0 & 0 & \cdots & 0 & 0 & 0 & \cdots & 0 & 1 & * & \cdots & * & d_r \\ 0 & 0 & \cdots & 0 & 0 & 0 & \cdots & 0 & 0 & 0 & \cdots & 0 & d_{r+1} \\ \vdots & \vdots & \cdots & \vdots & \vdots & \vdots & \cdots & \vdots & \vdots & \vdots & \cdots & \vdots & \vdots \\ 0 & 0 & \cdots & 0 & 0 & 0 & \cdots & 0 & 0 & 0 & \cdots & 0 & d_n \end{array} \right)$$

になったとする．

(1) $d_{r+1}, \cdots, d_n$ のなかに 1 つでも 0 でないものがあれば解は存在しない．

(2) $d_{r+1} = \cdots = d_n = 0$ のとき一般解は次のようにして得られる：

(2–a) 階段を降りる列の番号を

$$i_1, \quad i_2, \quad \cdots, \quad i_r$$

とする.

(2–b) これら以外の番号に対応する変数を順に

$$\alpha_1, \quad \alpha_2, \quad \cdots, \quad \alpha_{n-r}$$

とおく.

(2–c) 階段形を式に直して

$$x_{i_1}, \quad x_{i_2}, \quad \cdots, \quad x_{i_r}$$

を $\alpha_1, \alpha_2, \cdots, \alpha_{n-r}$ で表す.

したがって

$$(\,未知数の個数\,) - (\,ランク\,) = (\,パラメータの個数\,)$$

という等式が成り立つ.

例題 3.1　5 個の未知数 $x_1, x_2, \cdots, x_5$ に関する連立方程式

$$\begin{cases} x_1 + 3x_2 + 2x_3 + 4x_4 + 5x_5 = 5 \\ 2x_1 + 6x_2 + 5x_3 + 7x_4 + 7x_5 = 5 \\ 3x_1 + 9x_2 + 8x_3 + 10x_4 + 9x_5 = 5 \\ -x_1 - 3x_2 - 5x_3 + x_5 = 8 \\ -2x_1 - 6x_2 - 7x_3 - 5x_4 - x_5 = 5 \end{cases}$$

の一般解を求めよ.

[解]　行列で表して基本変形によって階段形にすると

$$\begin{pmatrix} 1 & 3 & 2 & 4 & 5 & | & 5 \\ 2 & 6 & 5 & 7 & 7 & | & 5 \\ 3 & 9 & 8 & 10 & 9 & | & 5 \\ -1 & -3 & -5 & 0 & 1 & | & 8 \\ -2 & -6 & -7 & -5 & -1 & | & 5 \end{pmatrix}$$

$$\xrightarrow[\substack{1行 \times 1 + 4行,\ 1行 \times 2 + 5行}]{\substack{1行 \times (-2) + 2行,\ 1行 \times (-3) + 3行}} \begin{pmatrix} 1 & 3 & 2 & 4 & 5 & | & 5 \\ 0 & 0 & 1 & -1 & -3 & | & -5 \\ 0 & 0 & 2 & -2 & -6 & | & -10 \\ 0 & 0 & -3 & 4 & 6 & | & 13 \\ 0 & 0 & -3 & 3 & 9 & | & 15 \end{pmatrix}$$

$$\xrightarrow[\text{2 行} \times 3 + 4\, \text{行},\ \text{2 行} \times 3 + 5\, \text{行}]{\text{2 行} \times (-2) + 1\, \text{行},\ \text{2 行} \times (-2) + 3\, \text{行}} \left(\begin{array}{ccccc|c} 1 & 3 & 0 & 6 & 11 & 15 \\ 0 & 0 & 1 & -1 & -3 & -5 \\ 0 & 0 & 0 & ⓪ & 0 & 0 \\ 0 & 0 & 0 & ① & -3 & -2 \\ 0 & 0 & 0 & 0 & 0 & 0 \end{array}\right)$$

$$(\Leftarrow (3,4)\,\text{成分が}\,0\,\text{で,}$$
$$\text{その下に}\,1\,\text{があるので}\,3\,\text{行と}\,4\,\text{行を入れかえる})$$

$$\xrightarrow[\text{を入れかえ}]{\text{3 行と 4 行}} \left(\begin{array}{ccccc|c} 1 & 3 & 0 & 6 & 11 & 15 \\ 0 & 0 & 1 & -1 & -3 & -5 \\ 0 & 0 & 0 & 1 & -3 & -2 \\ 0 & 0 & 0 & 0 & 0 & 0 \\ 0 & 0 & 0 & 0 & 0 & 0 \end{array}\right)$$

$$\xrightarrow[\text{3 行} \times 1 + 2\, \text{行}]{\text{3 行} \times (-6) + 1\, \text{行}} \left(\begin{array}{ccccc|c} 1 & 3 & 0 & 0 & 29 & 27 \\ 0 & 0 & 1 & 0 & -6 & -7 \\ 0 & 0 & 0 & 1 & -3 & -2 \\ 0 & 0 & 0 & 0 & 0 & 0 \\ 0 & 0 & 0 & 0 & 0 & 0 \end{array}\right)$$

階段を降りる列の番号は

$$「1,\ 3,\ 4」$$

だから，パラメータになる列の番号は

$$「2,\ 5」$$

であり，

$$x_2 = \alpha_1,\ \ x_5 = \alpha_2$$

とおく．階段形を式にもどして，これを代入すれば

$$\begin{cases} x_1 = -3\alpha_1 - 29\alpha_2 + 27 \\ x_2 = \alpha_1 \\ x_3 = 6\alpha_2 - 7 \qquad (\alpha_1, \alpha_2\,\text{はパラメータ}) \\ x_4 = 3\alpha_2 - 2 \\ x_5 = \alpha_2 \end{cases}$$

となって一般解が求められた． □

第3章の練習問題

1. 次の連立方程式を基本変形を用いて解け.

(1)
$$\begin{cases} x + 3y + 5z = 2 \\ 2x + 7y + 13z = 5 \\ -3x - 9y - 15z = -6 \end{cases}$$

(2)
$$\begin{cases} x + 2y + 3z = 4 \\ 3x + 6y + 7z = 10 \\ 4x + 8y + 6z = 10 \end{cases}$$

2. 次の連立方程式を基本変形を用いて解け.

(1)
$$\begin{cases} x + 2y - 3z - 4w = -4 \\ -2x - 6y + 7z + 7w = 6 \\ 3x + 7y - 7z - 9w = -6 \\ -4x - 5y + 13z + 20w = 24 \end{cases}$$

(2)
$$\begin{cases} x + 2y + 3z + 4w = 10 \\ -2x - 4y - 7z - 5w = -18 \\ 3x + 6y + 7z + 18w = 34 \\ -4x - 8y - 15z - 10w = -37 \end{cases}$$

3. 次の行列の階段形, および, ランクを求めよ.

$$\begin{pmatrix} 1 & -2 & 3 & 4 & -5 & 6 \\ 2 & -3 & 4 & 7 & -8 & 9 \\ -3 & 1 & 1 & -6 & 7 & -9 \\ 4 & 1 & -6 & 5 & -6 & 9 \\ 0 & -5 & 10 & 6 & -8 & 9 \end{pmatrix}$$

4. 次の行列のランクが2となるように a の値を定めよ.

(1)
$$\begin{pmatrix} 1 & 3 & 5 \\ 2 & 5 & 8 \\ 3 & 7 & a \end{pmatrix}$$

(2)
$$\begin{pmatrix} 1 & -2 & 4 \\ -4 & a & -8 \\ 2 & -2 & a \end{pmatrix}$$

4. 逆行列

　本章では行列の「逆行列」というものを導入し，基本変形によるその計算法を解説する．

4.1　逆行列とは

　たとえば，行列 $A = \begin{pmatrix} 1 & 2 \\ 3 & 5 \end{pmatrix}$ と行列 $B = \begin{pmatrix} -5 & 2 \\ 3 & -1 \end{pmatrix}$ について，その積 AB と BA を計算してみよう．一般に行列の掛け算は交換法則をみたすとは限らないから，AB と BA を両方計算する必要があるが，結果は

$$AB = \begin{pmatrix} 1 & 2 \\ 3 & 5 \end{pmatrix}\begin{pmatrix} -5 & 2 \\ 3 & -1 \end{pmatrix} = \begin{pmatrix} 1 & 0 \\ 0 & 1 \end{pmatrix},$$

$$BA = \begin{pmatrix} -5 & 2 \\ 3 & -1 \end{pmatrix}\begin{pmatrix} 1 & 2 \\ 3 & 5 \end{pmatrix} = \begin{pmatrix} 1 & 0 \\ 0 & 1 \end{pmatrix}$$

のように，どちらも単位行列になっていて等しい．このように，ある行列に掛けると，その結果が単位行列になる行列を，その行列の「逆行列」という．

　一般には次のように定義される：

定義 4.1　n 次行列 A に対し

$$AB = E_n$$

をみたす n 次行列 B を「A の**逆行列**」とよび，記号で A^{-1} と表す．そして A が逆行列をもつとき，「A は**正則**である」という．

注意　じつは，「$AB = E_n$ が成り立つときは，必ず $BA = E_n$ も成り立つ」ということが次章で示される．したがって

　　　　「A の逆行列は A の右から掛けても，左から掛けても単位行列になる」

と覚えておいて差し支えない．

　次の命題はよく用いられる：

> **命題 4.2**　n 次行列 A, B がどちらも正則ならば，その積 AB も正則であり，その逆行列は
>
> $$(AB)^{-1} = B^{-1}A^{-1}$$
>
> で与えられる.

[証明]　積を計算すると

$$
\begin{aligned}
(AB)(B^{-1}A^{-1}) &= A(B(B^{-1}A^{-1})) &&(\Leftarrow 積の結合法則)\\
&= A((BB^{-1})A^{-1}) &&(\Leftarrow 積の結合法則)\\
&= A(E_n A^{-1}) &&(\Leftarrow 逆行列の定義)\\
&= AA^{-1} &&(\Leftarrow 単位行列の定義)\\
&= E_n &&(\Leftarrow 逆行列の定義)
\end{aligned}
$$

となるから，AB は逆行列 $B^{-1}A^{-1}$ をもっており，したがって正則である.　□

　ここで，逆行列を導入する利点の一例，それは

「連立方程式が行列の掛け算だけで解ける」

というものである.　たとえば，連立方程式

$$
\begin{cases}
x + 2y = 1\\
3x + 5y = 4
\end{cases}
$$

を例にとって説明しよう.　これは行列を使うと

$$
\begin{pmatrix} 1 & 2 \\ 3 & 5 \end{pmatrix}
\begin{pmatrix} x \\ y \end{pmatrix}
=
\begin{pmatrix} 1 \\ 4 \end{pmatrix}
\tag{4.1}
$$

と表すことができる.　ここの行列は先ほどの A と同じであるから

$$
A \begin{pmatrix} x \\ y \end{pmatrix} = \begin{pmatrix} 1 \\ 4 \end{pmatrix}
$$

という式である.　そこで，行列 $B = \begin{pmatrix} -5 & 2 \\ 3 & -1 \end{pmatrix}$ を両辺に左から掛けると

$$
BA \begin{pmatrix} x \\ y \end{pmatrix} = B \begin{pmatrix} 1 \\ 4 \end{pmatrix}
\tag{4.2}
$$

となり，左辺の BA は単位行列になるのであったから，左辺は

$$\begin{pmatrix} 1 & 0 \\ 0 & 1 \end{pmatrix} \begin{pmatrix} x \\ y \end{pmatrix} = \begin{pmatrix} x \\ y \end{pmatrix}$$

であり，これが (4.2) の右辺に等しいから

$$\begin{pmatrix} x \\ y \end{pmatrix} = B \begin{pmatrix} 1 \\ 4 \end{pmatrix} = \begin{pmatrix} -5 & 2 \\ 3 & -1 \end{pmatrix} \begin{pmatrix} 1 \\ 4 \end{pmatrix} = \begin{pmatrix} 3 \\ -1 \end{pmatrix}$$

となって，解が求められた．筋道をまとめると

「(4.1) の両辺に左から A^{-1} を掛ければ行列の掛け算だけで解が求められる」

ということである．

　このやり方は未知数が n 個あるような n 元 1 次連立方程式についても，自然に一般化される．すなわち，未知数 $x_1, x_2, \cdots, x_n$ に関する連立方程式を，その n 次の係数行列 A を用いて

$$A \begin{pmatrix} x_1 \\ x_2 \\ \vdots \\ x_n \end{pmatrix} = \begin{pmatrix} c_1 \\ c_2 \\ \vdots \\ c_n \end{pmatrix}$$

と表せば，その解は逆行列 A^{-1} を左から掛けるだけで

$$\begin{pmatrix} x_1 \\ x_2 \\ \vdots \\ x_n \end{pmatrix} = A^{-1} \begin{pmatrix} c_1 \\ c_2 \\ \vdots \\ c_n \end{pmatrix}$$

というように求められるのである．

4.2　連立方程式から逆行列へ

　最初に，次の例題のような連立方程式のペアを同時に解く方法を説明する．ここから逆行列の計算法へ自然に導かれる．

例題 4.1　　次の 2 つの連立方程式をまとめて解け：

$$(1) \quad \begin{cases} x + 2y = 1 \\ 3x + 7y = 0 \end{cases} \qquad (2) \quad \begin{cases} x + 2y = 0 \\ 3x + 7y = 1 \end{cases}$$

[解]　　2 つの連立方程式の係数行列が共通であることに注意すると，次の行列

からスタートして，基本変形で，いつものように縦棒の左側を単位行列にすればよい：

$$\begin{pmatrix} 1 & 2 & \bigg| & 1 & 0 \\ 3 & 7 & \bigg| & 0 & 1 \end{pmatrix} \xrightarrow{\ 1\,\text{行} \times (-3) + 2\,\text{行}\ } \begin{pmatrix} 1 & 2 & \bigg| & 1 & 0 \\ 0 & 1 & \bigg| & -3 & 1 \end{pmatrix}$$

$$\xrightarrow{\ 2\,\text{行} \times (-2) + 1\,\text{行}\ } \begin{pmatrix} 1 & 0 & \bigg| & 7 & -2 \\ 0 & 1 & \bigg| & -3 & 1 \end{pmatrix}$$

したがって，最後の行列の縦棒の右側の 2 つの列が (1) と (2) の解になっており，(1) の解を (x_1, y_1)，(2) の解を (x_2, y_2) とすると

$$(1) \begin{cases} x_1 = 7 \\ y_1 = -3 \end{cases} \qquad (2) \begin{cases} x_2 = -2 \\ y_2 = 1 \end{cases}$$

である．　　　　　　　　　　　　　　　　　　　　　　　　　　　　　□

いまの連立方程式を行列で表すと

$$(1)\ \begin{pmatrix} 1 & 2 \\ 3 & 7 \end{pmatrix} \begin{pmatrix} x \\ y \end{pmatrix} = \begin{pmatrix} 1 \\ 0 \end{pmatrix}, \quad (2)\ \begin{pmatrix} 1 & 2 \\ 3 & 7 \end{pmatrix} \begin{pmatrix} x \\ y \end{pmatrix} = \begin{pmatrix} 0 \\ 1 \end{pmatrix}$$

となっており，それぞれの解を代入すると

$$(1)\ \begin{pmatrix} 1 & 2 \\ 3 & 7 \end{pmatrix} \begin{pmatrix} 7 \\ -3 \end{pmatrix} = \begin{pmatrix} 1 \\ 0 \end{pmatrix}, \quad (2)\ \begin{pmatrix} 1 & 2 \\ 3 & 7 \end{pmatrix} \begin{pmatrix} -2 \\ 1 \end{pmatrix} = \begin{pmatrix} 0 \\ 1 \end{pmatrix}$$

という 2 つの等式が得られるが，これらをまとめて

$$\begin{pmatrix} 1 & 2 \\ 3 & 7 \end{pmatrix} \begin{pmatrix} 7 & -2 \\ -3 & 1 \end{pmatrix} = \begin{pmatrix} 1 & 0 \\ 0 & 1 \end{pmatrix}$$

というように行列の積に関する等式として表すことができるから，逆行列の記号を用いて

$$\begin{pmatrix} 1 & 2 \\ 3 & 7 \end{pmatrix}^{-1} = \begin{pmatrix} 7 & -2 \\ -3 & 1 \end{pmatrix}$$

であることがわかる．

4.3　逆行列の求め方：基本変形

前節の例題 4.1 とそのあとの説明は，そのまま n 次行列のときにも一般化できて，次の命題となる：

命題 4.3　n 次行列 A が与えられたとき，A の右側に n 次単位行列 E_n を並べた $n \times 2n$ 行列

$$\begin{pmatrix} A & | & E_n \end{pmatrix}$$

からスタートして，何回か基本変形を行って

$$\begin{pmatrix} E_n & | & B \end{pmatrix}$$

という形になったとする．このとき

$$B = A^{-1}$$

である．

応用として，3 次行列の逆行列をこのやり方で求めてみよう：

例題 4.2　3 次行列 $A = \begin{pmatrix} 1 & 0 & 1 \\ 1 & -1 & -1 \\ 2 & 1 & 2 \end{pmatrix}$ の逆行列を求めよ．

[解]　A の右側に 3 次の単位行列を並べた行列からスタートして，次のように基本変形を行っていけばよい：

$$\left(\begin{array}{ccc|ccc} 1 & 0 & 1 & 1 & 0 & 0 \\ 1 & -1 & -1 & 0 & 1 & 0 \\ 2 & 1 & 2 & 0 & 0 & 1 \end{array}\right)$$

$$\xrightarrow[\text{1 行} \times (-2) + \text{3 行}]{\text{1 行} \times (-1) + \text{2 行}} \left(\begin{array}{ccc|ccc} 1 & 0 & 1 & 1 & 0 & 0 \\ 0 & -1 & -2 & -1 & 1 & 0 \\ 0 & 1 & 0 & -2 & 0 & 1 \end{array}\right)$$

$$\xrightarrow{\text{2 行} \times (-1)} \left(\begin{array}{ccc|ccc} 1 & 0 & 1 & 1 & 0 & 0 \\ 0 & 1 & 2 & 1 & -1 & 0 \\ 0 & 1 & 0 & -2 & 0 & 1 \end{array}\right)$$

$$\xrightarrow{\text{2 行} \times (-1) + \text{3 行}} \left(\begin{array}{ccc|ccc} 1 & 0 & 1 & 1 & 0 & 0 \\ 0 & 1 & 2 & 1 & -1 & 0 \\ 0 & 0 & -2 & -3 & 1 & 1 \end{array}\right)$$

$$\xrightarrow{\text{3 行} \times (-\frac{1}{2})} \left(\begin{array}{ccc|ccc} 1 & 0 & 1 & 1 & 0 & 0 \\ 0 & 1 & 2 & 1 & -1 & 0 \\ 0 & 0 & 1 & \frac{3}{2} & -\frac{1}{2} & -\frac{1}{2} \end{array}\right)$$

$$\xrightarrow[\text{3 行} \times (-2) + \text{2 行}]{\text{3 行} \times (-1) + \text{1 行}} \begin{pmatrix} 1 & 0 & 0 & \Big| & -\frac{1}{2} & \frac{1}{2} & \frac{1}{2} \\ 0 & 1 & 0 & \Big| & -2 & 0 & 1 \\ 0 & 0 & 1 & \Big| & \frac{3}{2} & -\frac{1}{2} & -\frac{1}{2} \end{pmatrix}$$

これで縦棒の左側が単位行列になったので，縦棒の右側が逆行列で

$$A^{-1} = \begin{pmatrix} -\frac{1}{2} & \frac{1}{2} & \frac{1}{2} \\ -2 & 0 & 1 \\ \frac{3}{2} & -\frac{1}{2} & -\frac{1}{2} \end{pmatrix}$$

である. □

注意 命題 4.3 で述べたやり方で基本変形を行っていく過程で，縦棒の左側の行列のある行がすべて 0 になることもある．そのときは

「逆行列は存在しない」

と判断すればよい．その理由は次章の「基本行列」の導入によって明らかになる (p.40 参照).

第 4 章の練習問題

1. 基本変形を用いて次の行列の逆行列を求めよ.

(1) $\begin{pmatrix} 1 & 3 \\ 2 & 5 \end{pmatrix}$
(2) $\begin{pmatrix} 3 & -2 \\ 1 & 1 \end{pmatrix}$

(3) $\begin{pmatrix} 1 & 3 & 5 \\ 2 & 5 & 8 \\ 3 & 7 & 10 \end{pmatrix}$
(4) $\begin{pmatrix} 1 & -2 & 3 \\ -3 & 6 & -8 \\ 2 & -5 & 6 \end{pmatrix}$

(5) $\begin{pmatrix} 0 & 1 & 0 & 0 \\ 0 & 0 & 1 & 0 \\ 0 & 0 & 0 & 1 \\ 1 & 0 & 0 & 0 \end{pmatrix}$
(6) $\begin{pmatrix} 1 & -1 & 0 & 0 \\ -1 & 1 & -1 & 0 \\ 0 & -1 & 1 & -1 \\ 0 & 0 & -1 & 1 \end{pmatrix}$

2. 次の行列が逆行列をもたないような a の値を求めよ.

(1) $\begin{pmatrix} 1 & 2 & 3 \\ 4 & 5 & 6 \\ 7 & 8 & a \end{pmatrix}$
(2) $\begin{pmatrix} a & 1 & 1 \\ 1 & a & 1 \\ 1 & 1 & a \end{pmatrix}$

$5.$ 基 本 行 列 (1)

これまで基本変形を活用していくつかの問題を解いてきたが，その基本変形を行列の掛け算として実現するのが「基本行列」である．本章では，基本行列を導入してその性質を調べる．今後，線形代数の理解を深めていくうえでも重要な役目を果たすことになる．

5.1 基本変形と行列の掛け算

基本変形には I 型，II 型，III 型の 3 種類があったが，それぞれの変形について，行列の掛け算との関連をみていこう．

● I 型の基本変形の場合

行列 $A = \begin{pmatrix} a & b \\ c & d \end{pmatrix}$ に I 型の基本変形「1 行 $\times k + 2$ 行」を行うと

$$\begin{pmatrix} a & b \\ c & d \end{pmatrix} \xrightarrow{1\,行 \times k + 2\,行} \begin{pmatrix} a & b \\ c + ka & d + kb \end{pmatrix} \tag{5.1}$$

となるが，一方で行列 A に行列 $S_{\mathrm{I}} = \begin{pmatrix} 1 & 0 \\ k & 1 \end{pmatrix}$ を左から掛けてみると

$$S_{\mathrm{I}}A = \begin{pmatrix} 1 & 0 \\ k & 1 \end{pmatrix} \begin{pmatrix} a & b \\ c & d \end{pmatrix} = \begin{pmatrix} a & b \\ c + ka & d + kb \end{pmatrix} \tag{5.2}$$

という行列になり，(5.1) の変形の結果と (5.2) の掛け算の結果がまったく同じである．では，いまの行列 S_{I} はどこからきたか．いかにも天下り的であるが，じつは (5.1) の基本変形「1 行 $\times k + 2$ 行」を単位行列に適用してみると

$$\begin{pmatrix} 1 & 0 \\ 0 & 1 \end{pmatrix} \xrightarrow{1\,行 \times k + 2\,行} \begin{pmatrix} 1 & 0 \\ k & 1 \end{pmatrix} \tag{5.3}$$

というように行列 S_{I} が現れる．これが「I 型の基本行列」の例である．

ここでは I 型の基本変形を考えたが，II 型や III 型のときも確認してみよう．

● II 型の基本変形の場合

今度は同じ行列 $A = \begin{pmatrix} a & b \\ c & d \end{pmatrix}$ に II 型の基本変形「2 行 × k」を行うと

$$\begin{pmatrix} a & b \\ c & d \end{pmatrix} \xrightarrow{\ 2\,行 \times k\ } \begin{pmatrix} a & b \\ kc & kd \end{pmatrix} \tag{5.4}$$

となるが, 一方で行列 A に行列 $S_{\mathrm{II}} = \begin{pmatrix} 1 & 0 \\ 0 & k \end{pmatrix}$ を左から掛けてみると

$$S_{\mathrm{II}}A = \begin{pmatrix} 1 & 0 \\ 0 & k \end{pmatrix}\begin{pmatrix} a & b \\ c & d \end{pmatrix} = \begin{pmatrix} a & b \\ kc & kd \end{pmatrix} \tag{5.5}$$

という行列になり, (5.4) の変形の結果と (5.5) の掛け算の結果がまったく同じである. では, いまの行列 S_{II} はどこからきたか. ここでも (5.4) の基本変形「2 行 × k」を単位行列に適用してみると

$$\begin{pmatrix} 1 & 0 \\ 0 & 1 \end{pmatrix} \xrightarrow{\ 2\,行 \times k\ } \begin{pmatrix} 1 & 0 \\ 0 & k \end{pmatrix} \tag{5.6}$$

というように, 行列 S_{II} が現れる. これは「II 型の基本行列」の例である.

● III 型の基本変形の場合

さらに, 同じ行列 $A = \begin{pmatrix} a & b \\ c & d \end{pmatrix}$ に III 型の基本変形「1 行と 2 行を入れかえ」を行うと

$$\begin{pmatrix} a & b \\ c & d \end{pmatrix} \xrightarrow[\ を入れかえ\ ]{\ 1\,行 \,と\, 2\,行\ } \begin{pmatrix} c & d \\ a & b \end{pmatrix} \tag{5.7}$$

となるが, 一方で行列 A に行列 $S_{\mathrm{III}} = \begin{pmatrix} 0 & 1 \\ 1 & 0 \end{pmatrix}$ を左から掛けてみると

$$S_{\mathrm{III}}A = \begin{pmatrix} 0 & 1 \\ 1 & 0 \end{pmatrix}\begin{pmatrix} a & b \\ c & d \end{pmatrix} = \begin{pmatrix} c & d \\ a & b \end{pmatrix} \tag{5.8}$$

という行列になり, (5.7) の変形の結果と (5.8) の掛け算の結果がまったく同じである. では, いまの行列 S_{III} はどこからきたか. ここでも (5.7) の基本変形「1 行と 2 行を入れかえ」を単位行列に適用してみると

$$\begin{pmatrix} 1 & 0 \\ 0 & 1 \end{pmatrix} \xrightarrow[\ を入れかえ\ ]{\ 1\,行 \,と\, 2\,行\ } \begin{pmatrix} 0 & 1 \\ 1 & 0 \end{pmatrix} \tag{5.9}$$

というように行列 S_{III} が現れる. これは「III 型の基本行列」の例である.

5.2 基本行列：定義，記号，性質

前節でみてきたことを，n 次行列の場合にも成り立つように一般化して定義し，その性質をみていこう．

定義 5.1 (1) I 型の基本変形「i 行 $\times c + j$ 行」を単位行列 E_n に適用した行列を

$$E_n(i,j;c)$$

という記号で表し，「I 型の基本行列」という．

(2) II 型の基本変形「i 行 $\times c$」を単位行列 E_n に適用した行列を

$$E_n(i;c)$$

という記号で表し，「II 型の基本行列」という．

(3) III 型の基本変形「i 行と j 行を入れかえ」を単位行列 E_n に適用した行列を

$$E_n(i,j)$$

という記号で表し，「III 型の基本行列」という．

次の命題が，基本変形と基本行列のあいだの重要な関係である：

命題 5.2 n 次行列 A に基本変形を行うと，その基本変形に対応する行列を左から掛けた行列になる．すなわち

$$\text{I 型の場合：} \quad A \xrightarrow{\ i\,行 \times c + j\,行\ } E_n(i,j;c)A$$

$$\text{II 型の場合：} \quad A \xrightarrow{\ i\,行 \times c\ } E_n(i;c)A$$

$$\text{III 型の場合：} \quad A \xrightarrow[\text{を入れかえ}]{\ i\,行\ と\ j\,行\ } E_n(i,j)A$$

5.3 基本行列の逆行列

基本変形に基本行列が対応することを利用すると，それぞれの基本行列の逆行列が簡単に求められる．それぞれの型について具体例をみた後，一般的な命題としてまとめよう．

● 2 次行列の場合

例 5.1　Ⅰ型の場合：　次のような 2 つの基本変形を単位行列に適用するともとにもどる：

$$E_2 = \begin{pmatrix} 1 & 0 \\ 0 & 1 \end{pmatrix} \xrightarrow{1\,\text{行} \times (-c) + 2\,\text{行}} \begin{pmatrix} 1 & 0 \\ c & 1 \end{pmatrix} \xrightarrow{1\,\text{行} \times c + 2\,\text{行}} \begin{pmatrix} 1 & 0 \\ 0 & 1 \end{pmatrix}$$

$$(5.10)$$

基本変形とは基本行列を掛けることであったから，(5.10) の真ん中の行列は

$$E_2(1,2;-c)E_2,$$

(5.10) の一番右の行列は，ここにさらに左から $E_2(1,2;c)$ を掛けた

$$E_2(1,2;c)E_2(1,2;-c)E_2$$

である．これが単位行列になったのだから

$$E_2(1,2;c)E_2(1,2;-c)E_2 = E_2$$

したがって

$$E_2(1,2;c)E_2(1,2;-c) = E_2 \tag{5.11}$$

が成り立つ．よって

$$E_2(1,2;c)^{-1} = E_2(1,2;-c)$$

というように，逆行列も同じⅠ型の基本行列になった．　　　　　　□

例 5.2　Ⅱ型の場合：　Ⅰ型の場合のように，基本変形した結果をどうやってもとにもどすか，と考えればよい．今度は，次の 2 つの基本変形を単位行列に適用するともとにもどる．ただし $c \neq 0$ とする：

$$E_2 = \begin{pmatrix} 1 & 0 \\ 0 & 1 \end{pmatrix} \xrightarrow{2\,\text{行} \times \frac{1}{c}} \begin{pmatrix} 1 & 0 \\ 0 & \frac{1}{c} \end{pmatrix} \xrightarrow{2\,\text{行} \times c} \begin{pmatrix} 1 & 0 \\ 0 & 1 \end{pmatrix} \tag{5.12}$$

したがって

$$E_2(2;c)E_2\left(2;\tfrac{1}{c}\right) = E_2 \tag{5.13}$$

が成り立つ．よって

$$E_2(2;c)^{-1} = E_2\left(2;\tfrac{1}{c}\right)$$

というように，逆行列も同じⅡ型の基本行列になった．　　　　　　□

例 5.3　Ⅲ 型の場合：　やはり基本変形した結果をどうやってもとにもどすか，と考えれば，今度は，同じ基本変形をもう 1 回やればもとにもどる：

$$E_2 = \begin{pmatrix} 1 & 0 \\ 0 & 1 \end{pmatrix} \xrightarrow[\text{を入れかえ}]{1\text{行 と 2 行}} \begin{pmatrix} 0 & 1 \\ 1 & 0 \end{pmatrix} \xrightarrow[\text{を入れかえ}]{1\text{行 と 2 行}} \begin{pmatrix} 1 & 0 \\ 0 & 1 \end{pmatrix} \quad (5.14)$$

したがって

$$E_2(1,2)E_2(1,2) = E_2 \quad (5.15)$$

が成り立つ．よって

$$E_2(1,2)^{-1} = E_2(1,2)$$

というように，逆行列も同じ Ⅲ 型の基本行列になった．　　　　　　□

● n 次行列の場合

　一般の n 次行列の場合も，基本変形を行うとどの型のものでも，2 つの行あるいは 1 つの行だけが変わって，残りの行は変わらない．したがって，2 次行列の場合の考察がそのまま有効であり，(5.11), (5.13), (5.15) のそれぞれの一般化として次の 3 つの等式が得られる：

$$(\text{I}) \quad E_n(i,j;c)E_n(i,j;-c) = E_n \quad (5.16)$$

$$(\text{II}) \quad E_n(i;c)E_n\left(i;\tfrac{1}{c}\right) = E_n \quad (\text{ただし，} c \neq 0) \quad (5.17)$$

$$(\text{III}) \quad E_n(i,j)E_n(i,j) = E_n \quad (5.18)$$

これらの等式から次の命題が得られる：

命題 5.3　(1)　$E_n(i,j;c)^{-1} = E_n(i,j;-c)$

(2)　$E_n(i;c)^{-1} = E_n\left(i;\tfrac{1}{c}\right)$　（ただし，$c \neq 0$）

(3)　$E_n(i,j)^{-1} = E_n(i,j)$

　ここで，前章で逆行列がどのように定義されたかを思い出しておく：

　　　「n 次行列 A に対し，n 次行列 B が等式 $AB = E_n$ をみたすとき，B を A の逆行列という」

のであった．ここからの目標は

　　　　「A の逆行列を A の<u>左から</u>掛けても単位行列になる」

ことを示すことである．すなわち

$$(\text{SW}) \qquad AB = E_n \implies BA = E_n$$

という論理が正しいということである. そしてこれは, A が基本行列のとき成り立つことに基づいて示される.

注意　上の「(SW)」は線形代数にとって非常に重要な性質であるので, 入れかえ ($\Leftarrow$ 英語で swap) の 2 文字をとってあえて名前を付けた. じつは, (SW) はいろいろな方法で証明することができるのだが, 本書では, 今後多くの場面で基本行列が重要な役割を果たすこと, そして線形代数学の後にひかえている「Lie 群論」,「不変式論」など数多くの代数学の分野でも基本となることもふまえて, 以下のような基本行列に基づく証明を採用する.

●基本行列に対する (SW)

I 型の場合:　A が I 型の基本行列 $E_n(i,j;c)$ に等しいとき, $B = E_n(i,j;-c)$ とすると, 等式 (5.16) より

$$AB = E_n$$

が成り立っている. ところが (5.16) において,「c」のところに「$-c$」を代入すると

$$E_n(i,j;-c)E_n(i,j;c) = E_n$$

となって, これは

$$BA = E_n$$

であることを示している. したがって, A が I 型の基本行列の場合は (SW) が成り立つことがわかった.

II 型の場合:　A が II 型の基本行列 $E_n(i;c)$ $(c \neq 0)$ に等しいとき, $B = E_n\left(i;\frac{1}{c}\right)$ とすると, 等式 (5.17) より

$$AB = E_n$$

が成り立っている. ところが (5.17) において,「c」のところに「$\frac{1}{c}$」を代入すると

$$E_n\left(i;\frac{1}{c}\right)E_n(i;c) = E_n$$

となって, これは

$$BA = E_n$$

であることを示している. したがって, A が II 型の基本行列の場合は (SW) が成り立つことがわかった.

Ⅲ型の場合： A がⅢ型の基本行列 $E_n(i,j)$ に等しいとき，$B = E_n(i,j)$ とすると，等式 (5.18) より

$$AB = E_n$$

が成り立っている．しかし，$A = B$ なのでこれは

$$BA = E_n$$

と同じことである．したがって，A がⅢ型の基本行列の場合は (SW) が成り立つことがわかった．

ここまででわかったことを命題としてまとめておこう：

命題 5.4 n 次行列 A が基本行列のときは，A の逆行列を B とすると $BA = E_n$ も成り立つ．

5.4 一般の行列に対する (SW)

まず，前章の逆行列の求め方を基本行列を用いて見直してみよう．それは，n 次行列 A が与えられたら

$$(A \mid E_n)$$

からスタートして何回か基本変形を行い，

$$(E_n \mid B) \tag{5.19}$$

の形になったとき，この B が A の逆行列，すなわち

$$AB = E_n$$

をみたす行列である，というものであった．そこで，1 回目に行った基本変形に対応する基本行列を S_1 とおくと，基本変形とは対応する基本行列を左から掛けることだったから，その結果は

$$(A \mid E_n) \longrightarrow (S_1 A \mid S_1)$$

となっている．($\Leftarrow S_1 E_n = S_1$ であることに注意.) 同様に，2 回目の基本変形に対応する基本行列を S_2，$\cdots$，k 回目の基本変形に対応する基本行列を S_k として，k 回目で (5.19) の形になったとすれば，

$$(A \mid E_n) \xrightarrow{\text{1 回目}} (S_1 A \mid S_1)$$

$$\xrightarrow{\text{2 回目}} (S_2 S_1 A \mid S_2 S_1)$$

$$\cdots\cdots\cdots$$

$$\xrightarrow{k\,回目} \bigl(S_k\cdots S_2 S_1 A \mid S_k\cdots S_2 S_1\bigr) = \bigl(E_n \mid B\bigr)$$

というように表される．この最後の等式から

$$S_k\cdots S_2 S_1 A = E_n, \tag{5.20}$$

$$S_k\cdots S_2 S_1 = B \tag{5.21}$$

という関係式が得られるが，(5.21) を (5.20) の左辺に代入すれば

$$BA = E_n$$

であることがわかり，一般の行列に対しても (SW) が成り立つことがわかった．

ここまでを命題としてまとめておこう：

命題 5.5　n 次行列 A の逆行列 B が存在するとき，すなわち $AB = E_n$ が成り立っているとき，$BA = E_n$ も成り立つ．

注意　本によっては，$AB = E_n$ と $BA = E_n$ の両方の等式が成り立つときに B を A の逆行列とよぶ，と定義するものもある．しかし本章でみたように，$AB = E_n$ という等式だけから $BA = E_n$ は導き出されるから，本書では単に $AB = E_n$ をみたす B を A の逆行列とよぶ立場をとった．第 4 章のようにして，基本変形で求めた逆行列が自動的に $BA = E_n$ をみたすという事実は，今後，理論を進めていく際にも本質的な役割を果たす．

第 5 章の練習問題

1. 次の記号で表される基本行列を行列の形で表せ．

(1) $E_2(1, 2; 4)$　　　　(2) $E_2(2; -1)$　　　　(3) $E_2(1, 2)$

(4) $E_3(2, 1; 5)$　　　　(5) $E_3(3; -4)$　　　　(6) $E_3(2, 3)$

2. 次の基本行列を記号で表せ．

(1) $\begin{pmatrix} 1 & 0 \\ -3 & 1 \end{pmatrix}$　　　　(2) $\begin{pmatrix} 1 & 0 \\ 0 & 4 \end{pmatrix}$　　　　(3) $\begin{pmatrix} 0 & 1 \\ 1 & 0 \end{pmatrix}$

(4) $\begin{pmatrix} 1 & 0 & -2 \\ 0 & 1 & 0 \\ 0 & 0 & 1 \end{pmatrix}$　　　　(5) $\begin{pmatrix} 1 & 0 & 0 \\ 0 & 1 & 0 \\ 0 & 0 & \frac{1}{3} \end{pmatrix}$　　　　(6) $\begin{pmatrix} 0 & 0 & 1 \\ 0 & 1 & 0 \\ 1 & 0 & 0 \end{pmatrix}$

6. 基 本 行 列 (2)

本章では，前章で導入した基本行列の一つの重要な応用である「任意の正則行列はいくつかの基本行列の積として表される」という命題を証明し，そして，その具体的な計算法を解説する.

6.1 行列の基本行列の積による表示

前章の最後の命題 5.5 の説明において，基本変形で逆行列を求める方法と基本行列との関連が現れている．特に等式 (5.20) は

$$S_k S_{k-1} \cdots S_2 S_1 A = E_n \tag{6.1}$$

というものであったが，この両辺に左から S_k^{-1} を掛けると ($\Leftarrow$ 基本行列はすべて正則であり，逆行列をもつ)

$$S_k^{-1}(S_k S_{k-1} \cdots S_2 S_1 A) = S_k^{-1} \tag{6.2}$$

となる．この左辺は

$$S_k^{-1}(S_k S_{k-1} \cdots S_2 S_1 A) = (S_k^{-1} S_k)(S_{k-1} \cdots S_2 S_1 A) \tag{6.3}$$

$$(\Leftarrow 行列の積の結合法則)$$

と変形できるが，ここで前章の命題 5.4，すなわち，基本行列についての (SW) が使えて

$$S_k^{-1} S_k = E_n$$

が成り立つ．したがって (6.3) は，右辺が $S_{k-1} \cdots S_2 S_1 A$ だけになるので

$$S_k^{-1}(S_k \cdots S_2 S_1 A) = S_{k-1} \cdots S_2 S_1 A \tag{6.4}$$

となる．これで (6.1) の両辺に左から S_k^{-1} を掛けることによって

$$S_{k-1} \cdots S_2 S_1 A = S_k^{-1}$$

という等式になった．さらにこの両辺に S_{k-1}^{-1} を掛けると，同様な論法で

$$S_{k-2} \cdots S_2 S_1 A = S_{k-1}^{-1} S_k^{-1}$$

が得られ，このような式変形を k 回行うことによって最終的に

$$A = S_1^{-1} S_2^{-1} \cdots S_{k-1}^{-1} S_k^{-1}$$

となる．この右辺のそれぞれの逆行列は，すべて基本行列の逆行列だから，前章の命題 5.3 によってやはり基本行列である．

以上を命題としてまとめておこう：

命題 6.1 n 次行列 A が正則ならば，A は基本行列の積として表される．具体的には，A を単位行列に変形していくときの基本変形に対応する基本行列を順に $S_1, S_2, \cdots, S_k$ とすると

$$A = S_1^{-1} S_2^{-1} \cdots S_{k-1}^{-1} S_k^{-1}$$

と表される．

6.2 具体的な計算法

前節の命題 6.1 を実際に適用してみよう．

例題 6.1   行列 $A = \begin{pmatrix} 1 & 2 \\ -3 & -2 \end{pmatrix}$ を基本行列の積として表せ．

[**解**]   まず，基本変形によって A を単位行列にする．その途中の基本変形の矢印の下側には，「$S_{何回目か} =$ 対応する基本行列の記号」というように書いておくと，あとの計算がしやすくなる：

$$\begin{pmatrix} 1 & 2 \\ -3 & -2 \end{pmatrix} \xrightarrow[S_1 = E_2(1,2;3)]{1\,行 \times 3\,+\,2\,行} \begin{pmatrix} 1 & 2 \\ 0 & 4 \end{pmatrix}$$

$$\xrightarrow[S_2 = E_2(2;\frac{1}{4})]{2\,行 \times \frac{1}{4}} \begin{pmatrix} 1 & 2 \\ 0 & 1 \end{pmatrix}$$

$$\xrightarrow[S_3 = E_2(2,1;-2)]{2\,行 \times (-2)\,+\,1\,行} \begin{pmatrix} 1 & 0 \\ 0 & 1 \end{pmatrix}$$

このように単位行列になったら，命題 6.1 を用いて次のように表示を求めていく：

$$A = S_1^{-1} S_2^{-1} S_3^{-1} \qquad (\Leftarrow 3\,回で終わったから\ k = 3)$$
$$= E_2(1,2;3)^{-1} E_2\left(2;\tfrac{1}{4}\right)^{-1} E_2(2,1;-2)^{-1}$$

$$(\Leftarrow 矢印の下の基本行列の記号を代入)$$

$$= E_2(1,2;-3)E_2(2;4)E_2(2,1;2)$$

$$(\Leftarrow 命題 5.3 の逆行列の公式)$$

$$= \begin{pmatrix} 1 & 0 \\ -3 & 1 \end{pmatrix} \begin{pmatrix} 1 & 0 \\ 0 & 4 \end{pmatrix} \begin{pmatrix} 1 & 2 \\ 0 & 1 \end{pmatrix}$$

$$(\Leftarrow 基本行列の記号を行列に直す)$$

この最後のステップの各行列は，命題 5.2 で述べたように，

「対応する基本変形を単位行列に適用する」

ことで求められる．たとえば「$E_2(1,2;-3)$」は「1 行 × (-3) + 2 行」という基本変形に対応しているから，それを単位行列に適用して

$$\begin{pmatrix} 1 & 0 \\ 0 & 1 \end{pmatrix} \xrightarrow{\;1\,行 \times (-3) + 2\,行\;} \begin{pmatrix} 1 & 0 \\ -3 & 1 \end{pmatrix}$$

というようにして求められる．他も同様である． □

ここで，基本行列を用いて，次の命題を導くことができる．これは第 4 章の最後の注意で述べた主張である：

命題 6.2 n 次行列 A の逆行列を基本変形で求めていく過程で，縦棒の左側のある行がすべて 0 になったとき，その行列 A の逆行列は存在しない．

[証明] A に k 回の基本変形を行ったら，第 i 行がすべて 0 の行列

$$B = \begin{pmatrix} & & B' & & \\ 0 & 0 & \cdots & 0 & 0 \\ & & B'' & & \end{pmatrix} \leftarrow 第\,i\,行 \tag{6.5}$$

になったとしよう．したがって，行った基本変形に対応する基本行列を最初から順に $S_1, S_2, \cdots, S_k$ とすると，等式

$$S_k S_{k-1} \cdots S_2 S_1 A = B \tag{6.6}$$

が成り立っている．ここで命題の結論を否定して

「A は正則である」 $\tag{6.7}$

と仮定しよう．すると等式 (6.6) の左辺は正則行列の積だから命題 4.2 によって

正則であり，右辺の B も正則である．したがって，その逆行列 B^{-1} が存在し

$$BB^{-1} = E_n \qquad\qquad (6.8)$$

が成り立つが，すべての j $(1 \le j \le n)$ について

「積 BB^{-1} の (i,j) 成分」＝「B の第 i 行と B^{-1} の第 j 列の積」

$$= 0 \quad (\Leftarrow (6.5) \text{ より})$$

であるから，(6.8) の右辺 E_n の第 i 行がすべて 0 になってしまい，矛盾が生じる．したがって (6.7) の仮定が間違いで A は正則でなく，逆行列は存在しない．

$\square$

6.3 基本行列の積の逆行列

　与えられた行列の逆行列は，第 4 章でみたように，基本変形によって求めることができる．しかし，もとの行列が基本行列の積として表されている場合は，その逆行列の基本行列表示も簡単に求められる，ということを説明したい．

　第 4 章の命題 4.2 を応用すると，基本行列の積の逆行列を簡単に求めることができる：

命題 6.3　n 次行列 A が k 個の基本行列 $S_1, S_2, \cdots, S_k$ の積として $A = S_1 S_2 \cdots S_k$ として表されているとき，

$$A^{-1} = S_k^{-1} S_{k-1}^{-1} \cdots S_2^{-1} S_1^{-1}$$

であり，右辺のそれぞれの逆行列は命題 5.3 によって求めることができる．

[証明]　命題の前半は命題 4.2 そのものであり，後半は前章ですでに解決ずみである．　　　　　　　　　　　　　　　　　　　　　　　　　　　　　　　$\square$

　この命題を応用して逆行列を求める例題をみてみよう．

例題 6.2　2 次行列 A が基本行列の積として

$$A = E_2(1,2) E_2\left(2; \tfrac{1}{2}\right) E_2(1,2; -3)$$

と表されているものとする．このとき A の逆行列を 1 つの行列として表せ．

[解]　命題 6.3 と，命題 5.3 を用いれば

$$A^{-1} = \left(E_2(1,2) E_2\left(2; \tfrac{1}{2}\right) E_2(1,2; -3) \right)^{-1}$$

$$= E_2(1,2;-3)^{-1} E_2\left(2;\tfrac{1}{2}\right)^{-1} E_2(1,2)^{-1}$$

$$= E_2(1,2;3) E_2(2;2) E_2(1,2)$$

となり，基本行列の記号を行列に直せば

$$A^{-1} = \begin{pmatrix} 1 & 0 \\ 3 & 1 \end{pmatrix} \begin{pmatrix} 1 & 0 \\ 0 & 2 \end{pmatrix} \begin{pmatrix} 0 & 1 \\ 1 & 0 \end{pmatrix}$$

$$= \begin{pmatrix} 1 & 0 \\ 3 & 2 \end{pmatrix} \begin{pmatrix} 0 & 1 \\ 1 & 0 \end{pmatrix}$$

$$= \begin{pmatrix} 0 & 1 \\ 2 & 3 \end{pmatrix}$$

となる． $\square$

例題 6.3　次の基本変形 (どういう基本変形かは書き入れていない) を参考にして，Ⅲ 型の基本行列 $E_2(1,2)$ を Ⅰ 型と Ⅱ 型の基本行列のいくつかの積として表せ：

$$\begin{pmatrix} a & b \\ c & d \end{pmatrix} \xrightarrow{\ ?\ } \begin{pmatrix} a+c & b+d \\ c & d \end{pmatrix}$$

$$\xrightarrow{\ ?\ } \begin{pmatrix} a+c & b+d \\ -c & -d \end{pmatrix}$$

$$\xrightarrow{\ ?\ } \begin{pmatrix} a+c & b+d \\ a & b \end{pmatrix}$$

$$\xrightarrow{\ ?\ } \begin{pmatrix} c & d \\ a & b \end{pmatrix}$$

[解]　4 回の基本変形は順にそれぞれ

「2 行 × 1 + 1 行」，「2 行 × (−1)」，「1 行 × 1 + 2 行」，「2 行 × (−1) + 1 行」．

したがって，これらに対応する基本行列を行列 $\begin{pmatrix} a & b \\ c & d \end{pmatrix}$ に順に<u>左から</u>掛ければ 1 行と 2 行が入れかわる．よって

$$E_2(1,2) = E_2(2,1;-1) E_2(1,2;1) E_2(2;-1) E_2(2,1;1)$$

となる． $\square$

注意　この例題によって，

　　　　「Ⅲ 型の基本変形は I 型と Ⅱ 型の組合せでつくることができる」

ことがわかり，その意味で理論的には不要だ，ともいえるが，第 3 章での階段形の構成法，そして今後でてくる「行列式」の計算には，「行の入れかえ」が 1 つのステップでできることが大きな意味をもつ．したがって，今後も Ⅲ 型の基本変形や基本行列はそのまま随所で利用する．

第 6 章の練習問題

1. 次の行列を基本行列の積として表せ．

(1) $\begin{pmatrix} 1 & 2 \\ 3 & 4 \end{pmatrix}$　　　　(2) $\begin{pmatrix} 2 & 0 \\ 0 & 3 \end{pmatrix}$　　　　(3) $\begin{pmatrix} 1 & 1 & 0 \\ 0 & 1 & 0 \\ 0 & 1 & 1 \end{pmatrix}$

(4) $\begin{pmatrix} 1 & 2 & 3 \\ 0 & 1 & 2 \\ 0 & 0 & 1 \end{pmatrix}$　　　(5) $\begin{pmatrix} \lambda_1 & 0 & 0 & \cdots & 0 \\ 0 & \lambda_2 & 0 & \cdots & 0 \\ 0 & 0 & \lambda_3 & \cdots & 0 \\ \vdots & \vdots & \vdots & \ddots & \vdots \\ 0 & 0 & 0 & \cdots & \lambda_n \end{pmatrix}$

(6) $\begin{pmatrix} 0 & 0 & 0 & 1 \\ 0 & 0 & 1 & 0 \\ 0 & 1 & 0 & 0 \\ 1 & 0 & 0 & 0 \end{pmatrix}$

7. 行 列 式

本章では「行列式」というものを導入し，その基本的な性質を調べて，基本変形を用いて行列式を計算する方法を解説する．

7.1 行列式：2次行列の場合

まず，2次行列 $\begin{pmatrix} a & b \\ c & d \end{pmatrix}$ については，その行列式は

$$\det \begin{pmatrix} a & b \\ c & d \end{pmatrix} = ad - bc$$

で定義される数のことをいう．ここの「det」は，行列式の英語の「determinant」の最初の3文字をとってつくられた記号である．これがどのような性質をもつかを調べてみよう．

命題 7.1

$(1\text{-}1)$ $\det \begin{pmatrix} a' + a'' & b' + b'' \\ c & d \end{pmatrix} = \det \begin{pmatrix} a' & b' \\ c & d \end{pmatrix} + \det \begin{pmatrix} a'' & b'' \\ c & d \end{pmatrix}$

$(1\text{-}2)$ $\det \begin{pmatrix} a & b \\ c' + c'' & d' + d'' \end{pmatrix} = \det \begin{pmatrix} a & b \\ c' & d' \end{pmatrix} + \det \begin{pmatrix} a & b \\ c'' & d'' \end{pmatrix}$

$(2\text{-}1)$ $\det \begin{pmatrix} ka & kb \\ c & d \end{pmatrix} = k \cdot \det \begin{pmatrix} a & b \\ c & d \end{pmatrix}$ （kは定数）

$(2\text{-}2)$ $\det \begin{pmatrix} a & b \\ kc & kd \end{pmatrix} = k \cdot \det \begin{pmatrix} a & b \\ c & d \end{pmatrix}$ （kは定数）

(3) $\det \begin{pmatrix} c & d \\ a & b \end{pmatrix} = (-1) \cdot \det \begin{pmatrix} a & b \\ c & d \end{pmatrix}$

(4) $\det \begin{pmatrix} 1 & 0 \\ 0 & 1 \end{pmatrix} = 1$

[証明] (1–1) については

$$左辺 = (a' + a'')d - (b' + b'')c \qquad (\Leftarrow \det \text{ の定義より})$$
$$= (a'd - b'c) + (a''d - b''c)$$
$$= 右辺 \qquad (\Leftarrow \det \text{ の定義より})$$

となって正しい. (1–2) も同様である. (2–1) については

$$左辺 = (ka)d - (kb)c \qquad (\Leftarrow \det \text{ の定義より})$$
$$= k(ad - bc)$$
$$= 右辺 \qquad (\Leftarrow \det \text{ の定義より})$$

であり, (2–2) も同様である. (3) については

$$左辺 = cb - da \qquad (\Leftarrow \det \text{ の定義より})$$
$$= (-1) \cdot (ad - bc)$$
$$= 右辺 \qquad (\Leftarrow \det \text{ の定義より})$$

であり, (4) は

$$左辺 = 1 \cdot 1 - 0 \cdot 0 \qquad (\Leftarrow \det \text{ の定義より})$$
$$= 1$$

だからである. $\qquad\qquad\qquad\qquad\qquad\qquad\qquad\qquad\square$

系 7.2 ある行を k 倍して他の行に加えても行列式の値は変わらない. すなわち,

$$(5\text{–}1) \quad \det \begin{pmatrix} a + kc & b + kd \\ c & d \end{pmatrix} = \det \begin{pmatrix} a & b \\ c & d \end{pmatrix}$$

$$(5\text{–}2) \quad \det \begin{pmatrix} a & b \\ c + ka & d + kb \end{pmatrix} = \det \begin{pmatrix} a & b \\ c & d \end{pmatrix}$$

という等式が成り立つ.

[証明] どちらも行列式の定義を用いて計算すれば証明できるが, ここでは上の命題 7.1 の性質のみから導いてみよう. (5–1) については

$$\text{左辺} = \det \begin{pmatrix} a+kc & b+kd \\ c & d \end{pmatrix}$$

$$= \det \begin{pmatrix} a & b \\ c & d \end{pmatrix} + \det \begin{pmatrix} kc & kd \\ c & d \end{pmatrix} \quad (\Leftarrow \text{命題 7.1 の (1–1) より})$$

$$= \det \begin{pmatrix} a & b \\ c & d \end{pmatrix} + k \det \begin{pmatrix} c & d \\ c & d \end{pmatrix} \quad (\Leftarrow \text{命題 7.1 の (2–1) より})$$

ここで，$\det \begin{pmatrix} c & d \\ c & d \end{pmatrix}$ については，命題 7.1 の (3) において $a=c, b=d$ を代入すると

$$\det \begin{pmatrix} c & d \\ c & d \end{pmatrix} = (-1) \cdot \det \begin{pmatrix} c & d \\ c & d \end{pmatrix}$$

となるから，移項して

$$2 \det \begin{pmatrix} c & d \\ c & d \end{pmatrix} = 0$$

であり，したがって

$$\det \begin{pmatrix} c & d \\ c & d \end{pmatrix} = 0$$

となるから，先ほどの計算より

$$\det \begin{pmatrix} a & b \\ c+ka & d+kb \end{pmatrix} = \det \begin{pmatrix} a & b \\ c & d \end{pmatrix}$$

が得られる．(5–2) も同様である．　　　　　　　　　　　　　　□

7.2　行列式の性質：線形性・交代性・正規性

　ここで 2 次行列の行列式について，命題 7.1 の (1–1) と (1–2) は

　(A)「ある行が和になっていたら，行列式も和に分かれる」

ということであり，(2–1) と (2–2) は

　(B)「ある行が定数倍されていたら，その定数をくくり出せる」

のであり，(3) は

　(C)「2 つの行を入れかえると，行列式は (-1) 倍になる」

そして，(4) は

(D) 「単位行列の行列式は 1」

であることを主張している．これらの性質のうち，この (A) と (B) をあわせて，**線形性** (詳しくは，多重線形性) といい，(C) を**交代性**，(D) を**正規性**という．したがって，

「2 次行列の行列式は線形性と交代性と正規性をもつ」

ということがわかった．じつは，この逆も成り立つことが知られている．すなわち，もし任意の 2 次行列にある値を対応させる関数があって，線形性，交代性，正規性をもつならば，その関数は行列式 det に一致する，ということがいえる．したがって，n 次行列についても

「n 次行列にある値を対応させる関数であって，線形性，交代性，正規性
をもつものを，行列式 det と定義する」

のが自然な一般化といえるであろう．すると，上の命題 7.1 およびその系 7.2 (これは命題 7.1 のみから導かれた) は n 次行列についても成り立つから，

(i) 「I 型の基本変形で，行列式は変わらない」　　　　(系 7.2 より)

(ii) 「II 型の基本変形で，行列式は k 倍される」　　　(線形性の (B))

(iii) 「III 型の基本変形で，行列式は (-1) 倍される」　　(交代性 (C))

(iv) 「単位行列の行列式は 1 である」　　　　　　　　　(正規性)

ということがわかる．しかも，前章までにみたように，

「どのような n 次行列も何回か基本変形を行って，途中である行がすべて 0
にならなければ，単位行列に変形できる」

のであったから，この (i), (ii), (iii), (iv) の 4 つの性質を利用していつでも基本変形で行列式が計算できるのである．特に基本行列は，どれも単位行列に対応する基本変形を行ってつくられていたから，その行列式は (i), (ii), (iii) によって次のようになる：

命題 7.3　3 種類の基本行列の行列式は以下で与えられる：

(1) $\det E_n(i, j; c) = 1$

(2) $\det E_n(i; c) = c$

(3) $\det E_n(i, j) = -1$

48

例題 **7.1**　行列式 $\det \begin{pmatrix} 1 & 3 & -2 \\ 2 & 6 & 1 \\ -3 & -5 & -2 \end{pmatrix}$ を求めよ.

[**解**]　次のようにして等号でつないでいく：

$$\det \begin{pmatrix} 1 & 3 & -2 \\ 2 & 6 & 1 \\ -3 & -5 & -2 \end{pmatrix} \underset{1\,\text{行}\times 3 + 3\,\text{行}}{\overset{1\,\text{行}\times(-2)+2\,\text{行}}{=\!=\!=\!=\!=}} \det \begin{pmatrix} 1 & 3 & -2 \\ 0 & 0 & 5 \\ 0 & 4 & -8 \end{pmatrix}$$

$$\underset{\text{を入れかえ}}{\overset{2\,\text{行 と } 3\,\text{行}}{=\!=\!=\!=\!=}} (-1)\cdot\det \begin{pmatrix} 1 & 3 & -2 \\ 0 & 4 & -8 \\ 0 & 0 & 5 \end{pmatrix}$$

（⇐ ここの基本変形は Ⅲ 型であり，
(iii) によって行列式が (-1) 倍になる）

$$\underset{\text{くくり出す}}{\overset{2\,\text{行 から } 4\,\text{を}}{=\!=\!=\!=\!=}} (-1)\cdot 4\cdot\det \begin{pmatrix} 1 & 3 & -2 \\ 0 & 1 & -2 \\ 0 & 0 & 5 \end{pmatrix}$$

（⇐ ここの基本変形は Ⅱ 型であり，
(ii) によって 4 がくくり出される）

$$\overset{2\,\text{行}\times(-3)+1\,\text{行}}{=\!=\!=\!=\!=} (-1)\cdot 4\cdot\det \begin{pmatrix} 1 & 0 & 4 \\ 0 & 1 & -2 \\ 0 & 0 & 5 \end{pmatrix}$$

（⇐ ここの基本変形は Ⅰ 型であり，
(i) によって行列式は不変）

$$\underset{\text{くくり出す}}{\overset{3\,\text{行 から } 5\,\text{を}}{=\!=\!=\!=\!=}} (-1)\cdot 4\cdot 5\cdot\det \begin{pmatrix} 1 & 0 & 4 \\ 0 & 1 & -2 \\ 0 & 0 & 1 \end{pmatrix}$$

$$\underset{3\,\text{行}\times 2 + 2\,\text{行}}{\overset{3\,\text{行}\times(-4)+1\,\text{行}}{=\!=\!=\!=\!=}} (-1)\cdot 4\cdot 5\cdot\det \begin{pmatrix} 1 & 0 & 0 \\ 0 & 1 & 0 \\ 0 & 0 & 1 \end{pmatrix}$$

$= (-1)\cdot 4\cdot 5\cdot 1$　　（⇐ 最後に (iv) の正規性を使う）

$= -20$　　　　　　　　　　　　　　　　　　□

7.3 ある行がすべて 0 の行列式

この例題のようにして，行列式はほとんどの場合に基本変形で求められるのだが，1 つだけ例外がある．それは

「基本変形の途中で全部が 0 の行が現れたとき」

である．しかし，そのときの判断は簡単で

「そのとき行列式は 0 になる」

と覚えておけばよい．

命題としてまとめておこう：

命題 7.4 n 次行列 A のある行がすべて 0 であるとき，$\det A = 0$ である．

[**証明**]　次のようにして線形性から導かれる．A の第 i 行がすべて 0 で

$$A = \begin{pmatrix} & & A' & & \\ 0 & 0 & \cdots & 0 \\ & & A'' & & \end{pmatrix} \leftarrow 第 i 行$$

という形だったとしよう．このとき「$0 = 2 \cdot 0$」でもあるから

$$A = \begin{pmatrix} & & A' & & \\ 2 \cdot 0 & 2 \cdot 0 & \cdots & 2 \cdot 0 \\ & & A'' & & \end{pmatrix} \leftarrow 第 i 行$$

である．そこで行列式を計算していくと

$$\det A = \det \begin{pmatrix} & & A' & & \\ 2 \cdot 0 & 2 \cdot 0 & \cdots & 2 \cdot 0 \\ & & A'' & & \end{pmatrix} \leftarrow 第 i 行$$

$$= 2 \cdot \det \begin{pmatrix} & & A' & & \\ 0 & 0 & \cdots & 0 \\ & & A'' & & \end{pmatrix} \quad (\Leftarrow 第 i 行から 2 をくくり出した)$$

$$= 2 \det A$$

となるから，$\det A = 0$ なのである．　　　　　　　　　　□

第7章の練習問題

1. 次の行列式を求めよ.

(1) $\det \begin{pmatrix} 1 & 3 & 2 \\ 3 & 7 & 2 \\ 5 & 8 & 4 \end{pmatrix}$
(2) $\det \begin{pmatrix} 2 & 4 & 6 \\ -4 & -8 & -9 \\ 3 & 7 & 5 \end{pmatrix}$

(3) $\det \begin{pmatrix} 1 & 1 & 1 & 0 \\ 1 & 1 & 0 & 1 \\ 1 & 0 & 1 & 1 \\ 0 & 1 & 1 & 1 \end{pmatrix}$
(4) $\det \begin{pmatrix} -2 & 1 & 0 & 0 \\ 1 & -2 & 1 & 0 \\ 0 & 1 & -2 & 1 \\ 0 & 0 & 1 & -2 \end{pmatrix}$

2. 次の行列式が 0 となるような x の値を求めよ.

(1) $\det \begin{pmatrix} 1 & 1 & 1 \\ 1 & 2 & 3 \\ 3 & 2 & x \end{pmatrix}$
(2) $\det \begin{pmatrix} 1 & 1 & x \\ 1 & x & 1 \\ x & 1 & 1 \end{pmatrix}$

3. 次の行列式を求めよ.

$$\det \begin{pmatrix} 1 & x & x^2 \\ 1 & y & y^2 \\ 1 & z & z^2 \end{pmatrix}$$

8. 行列の基本変形 (2)

いままで「行に関する基本変形」を使っていろいろな計算を行ってきたが，行列式の計算には「列に関する基本変形」も使うと計算がより効率的になる．本章では，その方法を述べる．

8.1 行列式と逆行列

まず行列式の重要な，そして基本的な性質からはじめる．

命題 8.1 正方行列 A に対して次の同値が成り立つ：

$$\det A \neq 0 \iff A \text{ は逆行列をもつ}$$

[証明] 前章の命題 7.4 より

(A) 「A を基本変形してその階段形を求める過程で，

      ある行がすべて 0 になる」

ということと，

(B) 「$\det A = 0$」

であることとは同値であった．さらに命題 6.2 でみたように，(A) の条件は

(C) 「A が逆行列をもたない」

ことと同値であった．したがって (B) と (C) は同値であり，その否定どうしも同値になる． $\square$

8.2 行列の積と行列式の積

次の命題は，行列式について成り立つ最も基本的な性質である：

命題 8.2 n 次行列 A, B に対し

$$\det(AB) = (\det A)(\det B) \tag{8.1}$$

が成り立つ.

[証明] (i) まず $\det A = 0$ の場合を考える. このとき (8.1) の右辺は 0 になる. 一方, 命題 8.1 より, $\det A = 0$ ということは A が逆行列をもたないということを意味する. したがって AB も逆行列をもたない. なぜなら, もし AB が逆行列 X をもっているとすると $(AB)X = E_n$ が成り立ち, これは結合法則によって $A(BX) = E_n$ とも表されるから, A が逆行列 BX をもつことになり, 矛盾するからである. したがって, 命題 8.1 より $\det(AB) = 0$ であり, (8.1) の左辺も 0 になって等号が成り立つ.

(ii) 次に, $\det A \neq 0$ の場合を考える. このとき命題 8.1 より A は正則であり, 第 6 章でみたように, A を基本行列 S_i $(1 \leq i \leq k)$ の積として

$$A = S_1 S_2 \cdots S_k \tag{8.2}$$

と表すことができる. まず, ある正則行列 M に 1 つの基本行列 S を掛けた行列を M' として, $M' = SM$ の行列式について考えておく. これは

「S に対応する基本変形を M に行うと M' になった」

ということで, $\det M'$ は $\det M$ の

$$
\begin{array}{ll}
1 \text{ 倍} & \text{I 型のとき,} \\
c \text{ 倍} & \text{II 型のとき,} \\
(-1) \text{ 倍} & \text{III 型のとき,}
\end{array}
$$

である. そして命題 7.3 より, これら 3 つの値は $\det S$ と等しい. よって

$$\det SM = \det M' = (\det S)(\det M) \tag{8.3}$$

という等式が得られた. そこで, (8.2) のように A が k 個の基本行列の積になっていたら

$$
\begin{aligned}
\det A &= \det(S_1 S_2 \cdots S_k) \\
&= (\det S_1)(\det(S_2 \cdots S_k)) \\
&\qquad (\Leftarrow (8.3) \text{ を } M = S_2 \cdots S_k \text{ として適用した})
\end{aligned}
$$

$$= (\det S_1)(\det S_2)(\det(S_3 \cdots S_k))$$

$$(\Leftarrow (8.3) \text{ を } M = S_3 \cdots S_k \text{ として適用した})$$

$$\cdots\cdots\cdots$$

$$= (\det S_1)(\det S_2) \cdots (\det S_k) \tag{8.4}$$

となる．したがって

$$\det(AB) = \det((S_1 S_2 \cdots S_k)B) \qquad (\Leftarrow (8.2) \text{ を代入した})$$

$$= (\det S_1)(\det(S_2 \cdots S_k B))$$

$$(\Leftarrow (8.3) \text{ を } M = S_2 \cdots S_k B \text{ として適用した})$$

$$\cdots\cdots\cdots$$

$$= (\det S_1)(\det S_2) \cdots (\det S_k)(\det B)$$

$$= (\det A)(\det B) \qquad (\Leftarrow (8.4) \text{ を代入した})$$

となって，証明が完成した．   □

8.3 　列の基本変形と行列式

命題 8.2 を応用して，

$$\text{「行列式は列の基本変形によっても計算できる」}$$

ことを以下で示したい．そこで，命題 8.2 の行列 B が 1 つの基本行列に等しい場合を考える．

(1) $B = E_n(i, j; c)$ の場合： このとき (8.1) は

$$\det(AE_n(i, j; c)) = (\det A)(\det E_n(i, j; c))$$

となるが，命題 7.3 の (1) より $\det E_n(i, j; c) = 1$ だから，

$$\det(AE_n(i, j; c)) = \det A \tag{8.5}$$

という等式になる．この左辺の行列「$AE_n(i, j; c)$」はいったいどういう行列だろうか．たとえば，$n = 3$ で，$i = 1, j = 3$ としてみると

$$E_3(1, 3; c) = \begin{pmatrix} 1 & 0 & 0 \\ 0 & 1 & 0 \\ c & 0 & 1 \end{pmatrix}$$

であったから，もし $A = \begin{pmatrix} 1 & 2 & 3 \\ 4 & 5 & 6 \\ 7 & 8 & 9 \end{pmatrix}$ なら，

$$AE_3(1,3;c) = \begin{pmatrix} 1 & 2 & 3 \\ 4 & 5 & 6 \\ 7 & 8 & 9 \end{pmatrix} \begin{pmatrix} 1 & 0 & 0 \\ 0 & 1 & 0 \\ c & 0 & 1 \end{pmatrix}$$

$$= \begin{pmatrix} 1+3c & 2 & 3 \\ 4+6c & 5 & 6 \\ 7+9c & 8 & 9 \end{pmatrix}$$

となるが，これは，A の第 3 列の c 倍を第 1 列に加えたものになっている．つまり，一般に

　　　「行列 A に**右から** $E_n(i,j;c)$ を掛けると，A の第 j 列の c 倍を
　　　第 i 列に加えた行列になる」

したがって，(8.5) とあわせると，

　　　(i)$'$「A のある列を c 倍して他の列に加えても行列式は変わらない」

ということがわかる．

　(2) $B = E_n(i;c)$ の場合： このとき (8.1) は

$$\det(AE_n(i;c)) = (\det A)(\det E_n(i;c))$$

となるが，命題 7.3 の (2) より $\det E_n(i;c) = c$ だから，

$$\det(AE_n(i;c)) = c \cdot \det A \tag{8.6}$$

という等式になる．では，この左辺の行列「$AE_n(i;c)$」はどういう行列だろうか．上で使った行列 A に $E_3(2;c)$ を掛けてみると

$$AE_3(2;c) = \begin{pmatrix} 1 & 2 & 3 \\ 4 & 5 & 6 \\ 7 & 8 & 9 \end{pmatrix} \begin{pmatrix} 1 & 0 & 0 \\ 0 & c & 0 \\ 0 & 0 & 1 \end{pmatrix}$$

$$= \begin{pmatrix} 1 & 2c & 3 \\ 4 & 5c & 6 \\ 7 & 8c & 9 \end{pmatrix}$$

となり，これは A の第 2 列の c 倍したものである．つまり，一般に

　　　「行列 A に**右から** $E_n(i;c)$ を掛けると，A の第 i 列を c 倍した
　　　行列になる」

したがって，(8.6) とあわせると，

$$(\text{ii})'\quad\text{「}A\text{ のある列を } c \text{ 倍すると行列式は } c \text{ 倍になる」}$$

ことがわかった.

(3)　$B = E_n(i,j)$ の場合：　このとき (8.1) は

$$\det(AE_n(i,j)) = (\det A)(\det E_n(i,j))$$

となるが, 命題 7.3 の (3) より $\det E_n(i,j) = -1$ だから,

$$\det(AE_n(i,j)) = (-1)\cdot\det A \tag{8.7}$$

という等式になる. では, この左辺の行列「$AE_n(i,j)$」はどういう行列だろうか. やはり上で使った行列 A に $E_3(2,3)$ を掛けてみると

$$AE_3(2,3) = \begin{pmatrix} 1 & 2 & 3 \\ 4 & 5 & 6 \\ 7 & 8 & 9 \end{pmatrix}\begin{pmatrix} 1 & 0 & 0 \\ 0 & 0 & 1 \\ 0 & 1 & 0 \end{pmatrix}$$
$$= \begin{pmatrix} 1 & 3 & 2 \\ 4 & 6 & 5 \\ 7 & 9 & 8 \end{pmatrix}$$

となり, これは A の第 2 列と第 3 列を入れかえたものである. つまり, 一般に

　　　　「行列 A に**右から** $E_n(i,j)$ を掛けると, A の第 i 列と第 j 列を
　　　　入れかえた行列になる」

したがって, (8.7) とあわせると,

$$(\text{iii})'\quad\text{「}A\text{ のある列と他の列を入れかえると行列式は } (-1) \text{ 倍になる」}$$

ことがわかった.

　以上の (i)′, (ii)′, (iii)′ の性質をみてみると, 前章 7.2 節の (i), (ii), (iii) と形はまったく同じで, 違うのは「行」が「列」に変わったところだけである. これらの 3 種類の変形を

　　　　「列に関する基本変形」, あるいは略して「**列基本変形**」

とよぶ. したがって,

　　　「行列式の計算には, 行あるいは列のどちらの基本変形を用いてもよい」

ということになる.

　具体例をみてみよう.

例題 8.1　行列式 $\det \begin{pmatrix} 1 & 3 & 5 \\ 2 & 3 & 4 \\ 3 & 0 & 1 \end{pmatrix}$ を求めよ.

[解]　以下のように行基本変形と列基本変形を組み合わせていく:

$$\det \begin{pmatrix} 1 & 3 & 5 \\ 2 & 3 & 4 \\ 3 & 0 & 1 \end{pmatrix} \xrightarrow[\text{1行}\times(-3)+3\text{行}]{\text{1行}\times(-2)+2\text{行}} \det \begin{pmatrix} 1 & 3 & 5 \\ 0 & -3 & -6 \\ 0 & -9 & -14 \end{pmatrix}$$

$$\xrightarrow[\text{1列}\times(-5)+3\text{列}]{\text{1列}\times(-3)+2\text{列}} \det \begin{pmatrix} 1 & 0 & 0 \\ 0 & -3 & -6 \\ 0 & -9 & -14 \end{pmatrix}$$

（⇐ ここで列基本変形を行った. 列ベクトル $\begin{pmatrix} 1 \\ 0 \\ 0 \end{pmatrix}$ があると

第 1 行の他の成分はすべて消せるのが便利なところ.）

$$\xrightarrow[\text{くくり出す}]{\text{2行から}(-3)\text{を}} (-3)\det \begin{pmatrix} 1 & 0 & 0 \\ 0 & 1 & 2 \\ 0 & -9 & -14 \end{pmatrix}$$

$$\xrightarrow[]{\text{2行}\times 9+3\text{行}} (-3)\det \begin{pmatrix} 1 & 0 & 0 \\ 0 & 1 & 2 \\ 0 & 0 & 4 \end{pmatrix}$$

$$\xrightarrow[]{\text{2列}\times(-2)+3\text{列}} (-3)\det \begin{pmatrix} 1 & 0 & 0 \\ 0 & 1 & 0 \\ 0 & 0 & 4 \end{pmatrix}$$

（⇐ ここも第 2 列の「1」でその右が消せるということを使った）

$$\xrightarrow[\text{くくり出す}]{\text{3行から4を}} (-3)\cdot 4\cdot\det \begin{pmatrix} 1 & 0 & 0 \\ 0 & 1 & 0 \\ 0 & 0 & 1 \end{pmatrix}$$

$$= -12 \qquad\qquad\qquad\qquad \square$$

　この例題のように, 行基本変形と列基本変形をうまく組み合わせれば, 行列式の計算がかなり見通しよくできるようになる. 具体的にいえば次のようになる:

(1)　第 1 列を行基本変形で完成させる.

(1)′ 第 1 行の第 2 列以降を列基本変形で全部 0 にする.

(2)　第 2 列を行基本変形で完成させる.

(2)′　第 2 行の第 3 列以降を列基本変形で全部 0 にする.

　　　………

　図式的には，次の図 8.1 の (1), (1)′, (2), (2)′, ⋯ のように順に 0 を増やして
いけばよい：

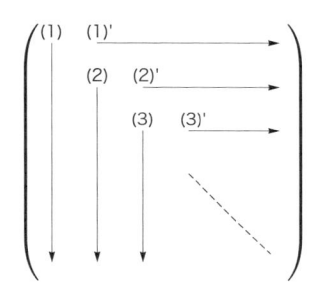

図 8.1　行基本変形と列基本変形の組み合わせ方

8.4　転置行列とその行列式

　与えられた行列に対して，その「転置行列」を定義する．そして転置行列の
行列式がもとの行列式と等しい，ということが列基本変形を用いて示される.

> **定義 8.3**　$m \times n$ 行列 A の (i, j) 成分を a_{ij} とするとき，a_{ji} が (j, i) 成分
> であるような $n \times m$ 行列を A の**転置行列**といい，記号で ^tA と表す.

　たとえば，2×3 行列 $A = \begin{pmatrix} 1 & 2 & 3 \\ 4 & 5 & 6 \end{pmatrix}$ の転置行列は

$$^tA = \begin{pmatrix} 1 & 4 \\ 2 & 5 \\ 3 & 6 \end{pmatrix}$$

という 3×2 行列になる．つまり

　　　　　「A の第 1 行が ^tA の第 1 列になり，

　　　　　　A の第 2 行が ^tA の第 2 列になり，

　　　　　　　………　　　　　　　」

58

というようにつくられている．そして，転置行列の行列式について次の命題が成り立つ：

命題 8.4 n 次行列 A に対して，等式

$$\det A = \det {}^t A$$

が成り立つ．

[証明] A が正則のときは，$\det A$ を I 型，II 型，III 型の行基本変形を適用して求めるのと同じ順序で，$\det {}^t A$ に対応する I′ 型，II′ 型，III′ 型の列基本変形を行えば，最後に $\det E_n = 1$ に掛けられている値はまったく同じであり，$\det A = \det {}^t A$ が成り立つ．

一方，A が正則でないときは，行基本変形の途中である行がすべて 0 になって $\det A = 0$ となるが，${}^t A$ に対応する列基本変形を行えばやはり途中である列がすべて 0 になり，その行列式は命題 7.3 と同様にして 0 に等しいとわかる．これで証明が完成する． □

第 8 章の練習問題

1. 次の行列式を行基本変形と列基本変形を用いて求めよ．

(1) $\det \begin{pmatrix} 1 & 3 & 2 \\ 4 & 7 & -2 \\ -5 & -9 & -9 \end{pmatrix}$ (2) $\det \begin{pmatrix} 1 & -2 & 0 & 1 \\ 3 & -6 & 2 & 3 \\ -2 & 5 & -7 & 1 \\ -5 & 8 & 2 & -8 \end{pmatrix}$

2. 次の行列式を行基本変形と列基本変形を用いて求めよ．

$$\det \begin{pmatrix} 1 & -a & 0 & 0 \\ 0 & 1 & -a & 0 \\ 0 & 0 & 1 & -a \\ -a & 0 & 0 & 1 \end{pmatrix}$$

$9.$ 行列式の余因子展開

　ここまで基本変形を用いて行列式を求める方法を述べてきたが，行列が文字を含む場合には，それが 0 かどうかを場合分けして変形する必要がでてくる．その煩雑さを避けて，文字のまま計算できる「余因子展開」とよばれる方法を解説する．

9.1　行列式：次数を下げる

　たとえば，

$$\det \begin{pmatrix} a & b & c \\ d & e & f \\ g & h & i \end{pmatrix}$$

を求めたいとき，いままでの基本変形によるやり方なら，「1 行 $\times \dfrac{1}{a}$」からスタートしたいが，a は 0 かもしれないから最初から場合分けが必要となる．そこで 7.2 節で述べた線形性や交代性を利用する方向で考えてみよう．まず，第 1 行のベクトル $\begin{pmatrix} a & b & c \end{pmatrix}$ を

$$\begin{pmatrix} a & b & c \end{pmatrix} = \begin{pmatrix} a & 0 & 0 \end{pmatrix} + \begin{pmatrix} 0 & b & 0 \end{pmatrix} + \begin{pmatrix} 0 & 0 & c \end{pmatrix}$$

という 3 つの行ベクトルの和とみて線形性を用いると

$$\det \begin{pmatrix} a & b & c \\ d & e & f \\ g & h & i \end{pmatrix} = \det \begin{pmatrix} a & 0 & 0 \\ d & e & f \\ g & h & i \end{pmatrix} + \det \begin{pmatrix} 0 & b & 0 \\ d & e & f \\ g & h & i \end{pmatrix} + \det \begin{pmatrix} 0 & 0 & c \\ d & e & f \\ g & h & i \end{pmatrix} \tag{9.1}$$

となる．したがって，右辺のそれぞれの行列式がわかればよい．1 つめは

$$\det \begin{pmatrix} a & 0 & 0 \\ d & e & f \\ g & h & i \end{pmatrix} \xuparrow[\text{くくり出す}]{1\,行\,から\,a\,を} a \cdot \det \begin{pmatrix} 1 & 0 & 0 \\ d & e & f \\ g & h & i \end{pmatrix}$$

$$\xuparrow[1\,行\times(-e)\,+\,3\,行]{1\,行\times(-d)\,+\,2\,行} a \cdot \det \begin{pmatrix} 1 & 0 & 0 \\ 0 & e & f \\ 0 & h & i \end{pmatrix} \tag{9.2}$$

と変形できる．この最後の形の行列式の計算には次の一般的な命題が役に立つ：

命題 9.1 n 次行列 A が

$$A = \begin{pmatrix} 1 & 0 & \cdots & 0 \\ 0 & & & \\ \vdots & & A' & \\ 0 & & & \end{pmatrix} \tag{9.3}$$

という形 (ただし，A' は $(n-1)$ 次行列) であるとき

$$\det A = \det A'$$

である．

[証明]　与えられた (9.3) の行列は，基本変形で行列式を求める場合の第 1 列が完成した形である．したがって，あとは第 2 列以降を基本変形で単位行列にもっていけばよいが，そのとき使う基本変形は，A' の行列式を求める場合と同じことを行えばよい．したがって，最終的に単位行列にたどりついたとき，でてきた係数は両方で共通であり，$\det A = \det A'$ であることがわかる．もし単位行列までたどりつけなかったら，それは A' の基本変形の途中で，ある行がすべて 0 になる，ということで，そのとき A の同じ行もすべて 0 になっているから，$\det A = \det A' = 0$ となってやはり成り立つ．　　　　　□

9.2　余因子展開へ

(9.1) の右辺の第 1 項の計算にもどろう．命題 9.1 によれば (9.2) の最後の行列式は

$$\det \begin{pmatrix} e & f \\ h & i \end{pmatrix}$$

に等しい．したがって (9.1) の右辺の第 1 項について

$$\det \begin{pmatrix} a & 0 & 0 \\ d & e & f \\ g & h & i \end{pmatrix} = a \cdot \det \begin{pmatrix} e & f \\ h & i \end{pmatrix} \tag{9.4}$$

であることがわかった．

次に，(9.1) の右辺の第 2 項 $\det \begin{pmatrix} 0 & b & 0 \\ d & e & f \\ g & h & i \end{pmatrix}$ をみていこう．これと (9.4)

を見比べると，1 列と 2 列を入れかえれば (9.4) と同じ形になるから，次のように計算できる：

$$\det \begin{pmatrix} 0 & b & 0 \\ d & e & f \\ g & h & i \end{pmatrix} \underset{\text{を入れかえ}}{\overset{1 \text{列と} 2 \text{列}}{=\!=\!=}} (-1) \det \begin{pmatrix} b & 0 & 0 \\ e & d & f \\ h & g & i \end{pmatrix} = (-1)b \cdot \det \begin{pmatrix} d & f \\ g & i \end{pmatrix}$$
$$(9.5)$$

同様に，(9.1) の右辺の第 3 項も，今度は 2 回の入れかえが必要だが，

$$\det \begin{pmatrix} 0 & 0 & c \\ d & e & f \\ g & h & i \end{pmatrix} \underset{\text{を入れかえ}}{\overset{2 \text{列と} 3 \text{列}}{=\!=\!=}} (-1) \det \begin{pmatrix} 0 & c & 0 \\ d & f & e \\ g & i & h \end{pmatrix}$$

$$\underset{\text{を入れかえ}}{\overset{1 \text{列と} 2 \text{列}}{=\!=\!=}} (-1)^2 \det \begin{pmatrix} c & 0 & 0 \\ f & d & e \\ i & g & h \end{pmatrix} = (-1)^2 c \cdot \det \begin{pmatrix} d & e \\ g & h \end{pmatrix} \qquad (9.6)$$

したがって，(9.1) にこれらを代入して

$$\det \begin{pmatrix} a & b & c \\ d & e & f \\ g & h & i \end{pmatrix} = a \cdot \det \begin{pmatrix} e & f \\ h & i \end{pmatrix} + (-1)b \cdot \det \begin{pmatrix} d & f \\ g & i \end{pmatrix}$$
$$+ (-1)^2 c \cdot \det \begin{pmatrix} d & e \\ g & h \end{pmatrix} \qquad (9.7)$$

という等式が得られた．

ここまでの (9.4), (9.5), (9.6) の計算結果をもう一度並べてみると

$$\det \begin{pmatrix} a & 0 & 0 \\ d & e & f \\ g & h & i \end{pmatrix} = a \cdot \det \begin{pmatrix} e & f \\ h & i \end{pmatrix}, \qquad (9.8)$$

$$\det \begin{pmatrix} 0 & b & 0 \\ d & e & f \\ g & h & i \end{pmatrix} = (-1)b \cdot \det \begin{pmatrix} d & f \\ g & i \end{pmatrix}, \qquad (9.9)$$

$$\det \begin{pmatrix} 0 & 0 & c \\ d & e & f \\ g & h & i \end{pmatrix} = (-1)^2 c \cdot \det \begin{pmatrix} d & e \\ g & h \end{pmatrix} \qquad (9.10)$$

というように，右辺には

    (A) -1 のベキ乗，

    (B) もとの行列の一部分からつくった 2 次行列

が現れている．この (A) において，「−1 の何乗か」，そして (B) においては，「どの部分を取り出したか」，ということを正確にとらえたい．次節で詳しくみていこう．

9.3 展開の符号と余因子の導入

まず (A) の符号のほうは，たとえば (9.10) では，第 3 列にあった「c」を第 1 列に 1 つずつ 2 回動かしたから「$(-1)^2$」になっているということから，(9.9) の「b」なら 1 回で「$(-1)^1$」，(9.8) の「a」なら 0 回で「$(-1)^0$」ということがわかる．したがって一般に，第 1 行第 j 列にある成分を隣りどうしの列の入れかえで第 1 列にもってきたいのなら $(j-1)$ 回の入れかえが必要であり，符号は「$(-1)^{j-1}$」が付くことになる．

では，(B) のどの部分を取り出したかを調べるために，もとの行列で取り出した部分に○印をつけてみよう：

$$a \cdot \det \begin{pmatrix} e & f \\ h & i \end{pmatrix} \quad \Longleftarrow \quad \begin{pmatrix} \boxed{a} & b & c \\ d & ⓔ & ⓕ \\ g & ⓗ & ⓘ \end{pmatrix}, \tag{9.11}$$

$$(-1)b \cdot \det \begin{pmatrix} d & f \\ g & i \end{pmatrix} \quad \Longleftarrow \quad \begin{pmatrix} a & \boxed{b} & c \\ ⓓ & e & ⓕ \\ ⓖ & h & ⓘ \end{pmatrix}, \tag{9.12}$$

$$(-1)^2 c \cdot \det \begin{pmatrix} d & e \\ g & h \end{pmatrix} \quad \Longleftarrow \quad \begin{pmatrix} a & b & \boxed{c} \\ ⓓ & ⓔ & f \\ ⓖ & ⓗ & i \end{pmatrix} \tag{9.13}$$

ここからわかるように，

(9.11) では「a」がある第 1 行と第 1 列を全部取り除いた残りの $\begin{pmatrix} e & f \\ h & i \end{pmatrix}$，

(9.12) では「b」がある第 1 行と第 2 列を全部取り除いた残りの $\begin{pmatrix} d & f \\ g & i \end{pmatrix}$，

(9.13) では「c」がある第 1 行と第 3 列を全部取り除いた残りの $\begin{pmatrix} d & e \\ g & h \end{pmatrix}$，

が取り出されている．

したがって，次の記号を導入しておくと一般化につながる：

定義 9.2 n 次行列 A の第 i 行と第 j 列 $(1 \leq i, j \leq n)$ を全部取り除いてできる $(n-1)$ 次行列を A_{ij} と書く.

さらに，一般に行列 A の (i, j) 成分を a_{ij} と書くのであったが，その流儀で (9.7) を書き直すと

$$\det \begin{pmatrix} a_{11} & a_{12} & a_{13} \\ a_{21} & a_{22} & a_{23} \\ a_{31} & a_{32} & a_{33} \end{pmatrix}$$

$$= a_{11} \det A_{11} + (-1)a_{12} \det A_{12} + (-1)^2 a_{13} \det A_{13}$$

$$= (-1)^{1-1} a_{11} \det A_{11} + (-1)^{2-1} a_{12} \det A_{12} + (-1)^{3-1} a_{13} \det A_{13} \tag{9.14}$$

となる.

では，第 2 行による展開はどのような式になるだろうか．これは行列 A についていて

$$\det \begin{pmatrix} a_{11} & a_{12} & a_{13} \\ a_{21} & a_{22} & a_{23} \\ a_{31} & a_{32} & a_{33} \end{pmatrix} \underset{\text{を入れかえ}}{\overset{1\,\text{行}\,\text{と}\,2\,\text{行}}{=\!=\!=\!=}} (-1)\det \begin{pmatrix} a_{21} & a_{22} & a_{23} \\ a_{11} & a_{12} & a_{13} \\ a_{31} & a_{32} & a_{33} \end{pmatrix}$$

というように第 1 行と第 2 行を入れかえておいて，先ほどやった第 1 行による展開をやればよいのである．したがって，

$$\det \begin{pmatrix} a_{11} & a_{12} & a_{13} \\ a_{21} & a_{22} & a_{23} \\ a_{31} & a_{32} & a_{33} \end{pmatrix} = (-1) \cdot \big((-1)^{1-1} a_{21} \det A_{21} $$
$$+ (-1)^{2-1} a_{22} \det A_{22} + (-1)^{3-1} a_{23} \det A_{23} \big) \tag{9.15}$$

という等式になる．これが第 2 行による展開である.

第 3 行による展開については，最初に第 2 行と第 3 行の入れかえと，第 1 行と第 2 行の入れかえを行って（$\Leftarrow$ この結果符号「$(-1)^{3-1}$」が付く），第 3 行を一番上の第 1 行までもってきておいてから第 1 行による展開を行えばよい．したがって，

$$\det \begin{pmatrix} a_{11} & a_{12} & a_{13} \\ a_{21} & a_{22} & a_{23} \\ a_{31} & a_{32} & a_{33} \end{pmatrix} = (-1)^{3-1} \cdot \big((-1)^{1-1} a_{31} \det A_{31}$$

$$+ (-1)^{2-1} a_{32} \det A_{32} + (-1)^{3-1} a_{33} \det A_{33} \big)$$

$$(9.16)$$

という第 3 行による展開が得られる.

ここまでで得られた (9.14), (9.15), (9.16) の右辺の符号のルールは, a_{ij} のところは

「第 i 行を第 1 行に隣りどうしの行を入れかえてもっていくのは

入れかえの回数が $(i-1)$ 回」,

「第 j 列を第 1 列に隣りどうしの列を入れかえてもっていくのは

入れかえの回数が $(j-1)$ 回」

だから, 全部を掛けて

「$(-1)^{(i-1)+(j-1)} = (-1)^{i+j-2} = (-1)^{i+j}$」

という符号が付くことになる. そして, この符号を $\det A_{ij}$ に掛けたものが「**第 (i,j) 余因子**」とよばれ, 「Δ_{ij}」という記号で表す:

$$\Delta_{ij} = (-1)^{i+j} \det A_{ij}$$

ここまでは 3 次行列の場合で説明してきたが, n 次行列の場合にも以上の議論が自然に一般化できて, 次の定理が得られる:

定理 9.3 n 次行列 A の (i,j) 成分を a_{ij}, 第 (i,j) 余因子を Δ_{ij} とすると, どんな i $(1 \le i \le n)$ についても

$$\det A = a_{i1}\Delta_{i1} + a_{i2}\Delta_{i2} + \cdots + a_{in}\Delta_{in} = \sum_{j=1}^{n} a_{ij}\Delta_{ij} \qquad (9.17)$$

が成り立つ. これを「第 i 行による**余因子展開**」とよぶ.

さらに, 行列式は列に関する線形性ももっているから, ここまでの説明に現れる「行」を「列」,「列」を「行」ですべて置きかえれば, 次の定理が得られる:

定理 9.4 n 次行列 A の (i,j) 成分を a_{ij}, 第 (i,j) 余因子を Δ_{ij} とすると, どんな j $(1 \le j \le n)$ についても

$$\det A = a_{1j}\Delta_{1j} + a_{2j}\Delta_{2j} + \cdots + a_{nj}\Delta_{nj} = \sum_{i=1}^{n} a_{ij}\Delta_{ij} \quad (9.18)$$

が成り立つ. これを「第 j 列による**余因子展開**」とよぶ.

9.4 3次行列の行列式：サラスの方法

前節の等式 (9.7) の右辺の 2 次行列の行列式を計算すれば，次の命題 (「**サラスの方法**」とよばれる) が得られる：

命題 9.5 3 次行列 $A = \begin{pmatrix} a & b & c \\ d & e & f \\ g & h & i \end{pmatrix}$ の行列式は次のようにして求められる：

$$\det\begin{pmatrix} a & b & c \\ d & e & f \\ g & h & i \end{pmatrix} = aei + bfg + cdh - afh - bdi - ceg$$

[証明] (9.7) の右辺の各項を 2 次行列の行列式の公式で計算すると

$$\det\begin{pmatrix} a & b & c \\ d & e & f \\ g & h & i \end{pmatrix}$$

$$= a \cdot \det\begin{pmatrix} e & f \\ h & i \end{pmatrix} + (-1)b \cdot \det\begin{pmatrix} d & f \\ g & i \end{pmatrix} + (-1)^2 c \cdot \det\begin{pmatrix} d & e \\ g & h \end{pmatrix}$$

$$= a(ei - fh) - b(di - fg) + c(dh - eg)$$

$$= aei + bfg + cdh - afh - bdi - ceg$$

となって，証明が完成する. □

注意 この公式が役に立つのは，右辺の各項の覚え方が次のように簡単だからである.

$$\det\begin{pmatrix} a & b & c \\ d & e & f \\ g & h & i \end{pmatrix} = aei + bfg + cdh - afh - bdi - ceg$$

たとえば，右辺の最初の項「aei」を行列の中で結んでみると図の左上から右下に向かう線分上に並んでいる.

次の項「bfg」も行列の中で今度は「b」からスタートして右下に降りていくと「f」を

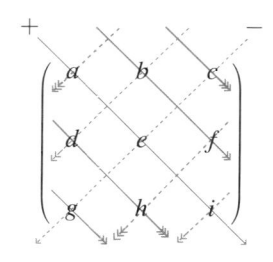

図 9.1 サラスの方法の図解：実線が＋，点線が −

越えたあと行列の右カッコにぶつかってしまうが，そのときは左カッコにワープしてそこから右下に降りれば「g」を通る．

「＋」の最後の項「cdh」も「c」からスタートして右下に降りていくと右カッコにぶつかって，そこで左カッコにワープして右下に降りていけば「d」と「h」を通っていく．

では残りの「−」の付いた 3 項はどうか．こちらはそれぞれ「a, b, c」からスタートして今度は左下に向かって (ワープしながら) 線を引けば全部でてくる．

9.5　4 次行列の行列式

3 次行列の行列式は前節のサラスの方法によって計算できる．そして余因子展開を行うことによって，n 次行列の行列式は $(n-1)$ 次行列の行列式の計算に帰着できるから，4 次行列の行列式の計算法が手に入ったことになる．これを具体例を用いて説明していこう．

例題 9.1　$\det \begin{pmatrix} 4 & 3 & 2 & 1 \\ 0 & 2 & 3 & 0 \\ 3 & 0 & 2 & 1 \\ 3 & 2 & 1 & 2 \end{pmatrix}$ を適当な行による余因子展開を用いて求めよ．

[解]　ある行で余因子展開すると，その行の成分が各余因子に掛けられるから，その成分が 0 であればその項の余因子を計算する必要がなくなる．したがってなるべく 0 が多い行で展開するのが得策であり，それをふまえて，(この例題の場合は) 第 2 行で展開すると

$$
\det \begin{pmatrix} 4 & 3 & 2 & 1 \\ 0 & 2 & 3 & 0 \\ 3 & 0 & 2 & 1 \\ 3 & 2 & 1 & 2 \end{pmatrix}
$$

$$
= a_{21}\Delta_{21} + a_{22}\Delta_{22} + a_{32}\Delta_{32} + a_{42}\Delta_{42}
$$

$$= 2 \cdot (-1)^{2+2} \det \begin{pmatrix} 4 & 2 & 1 \\ 3 & 2 & 1 \\ 3 & 1 & 2 \end{pmatrix} + 3 \cdot (-1)^{2+3} \det \begin{pmatrix} 4 & 3 & 1 \\ 3 & 0 & 1 \\ 3 & 2 & 2 \end{pmatrix}$$

$$= 2 \cdot (4 \cdot 2 \cdot 2 + 2 \cdot 1 \cdot 3 + 1 \cdot 3 \cdot 1 - 4 \cdot 1 \cdot 1 - 2 \cdot 3 \cdot 2 - 1 \cdot 2 \cdot 3)$$
$$\quad - 3 \cdot (4 \cdot 0 \cdot 2 + 3 \cdot 1 \cdot 3 + 1 \cdot 3 \cdot 2 - 4 \cdot 1 \cdot 2 - 3 \cdot 3 \cdot 2 - 1 \cdot 0 \cdot 3)$$

$$= 2 \cdot (16 + 6 + 3 - 4 - 12 - 6) - 3 \cdot (0 + 9 + 6 - 8 - 18 - 0)$$

$$= 2 \cdot 3 - 3 \cdot (-11)$$

$$= 39$$

というように計算できる. □

第 9 章の練習問題

1. 次の行列式を，適切な行または列による余因子展開を用いて求めよ.

(1) $\det \begin{pmatrix} 1 & 2 & 3 & 0 \\ 1 & 1 & 2 & 1 \\ 1 & 1 & -1 & -2 \\ 2 & 0 & 0 & 1 \end{pmatrix}$ (2) $\det \begin{pmatrix} 2 & 3 & 3 & 0 \\ 1 & -2 & 0 & 2 \\ 3 & -1 & 0 & 3 \\ 4 & 0 & 2 & 1 \end{pmatrix}$

2. n 次行列

$$A_n = \begin{pmatrix} 1 & 1 & 0 & \cdots & 0 & 0 \\ 0 & 1 & 1 & \cdots & 0 & 0 \\ 0 & 0 & 1 & \cdots & 0 & 0 \\ \vdots & \vdots & \vdots & \ddots & \vdots & \vdots \\ 0 & 0 & 0 & \cdots & 1 & 1 \\ 1 & 0 & 0 & \cdots & 0 & 1 \end{pmatrix}$$

の行列式を求めたい.

(1) $a_n = \det A_n$ とおくとき，a_3, a_4 を求めよ.

(2) $\det A_n$ を第 1 行で余因子展開することによって a_n を求めよ.

$10.$ 余因子行列

第4章で，与えられた行列の逆行列を，基本変形によって求める方法を述べた．本章では，前章の余因子展開の一つの応用として，基本変形によらずに逆行列を求める方法を説明する．

10.1 行列式の重要な性質

本節では，行列式がもつ性質を2つ述べる．1つめは第7章の命題 7.3 ですでに説明してある．どちらも余因子行列を用いて逆行列を求めるときに基本となる：

命題 10.1 ある行が全部 0 であるような行列の行列式は 0 に等しい．

次の命題はこの命題から導かれる：

命題 10.2 2つの行が完全に一致するような行列の行列式は 0 に等しい．

[証明]　n 次行列 A の第 i 行と第 j 行が一致しているとすると

$$a_{i1} = a_{j1}, \ a_{i2} = a_{j2}, \ \cdots, \ a_{in} = a_{jn}$$

という等式が成り立っている．すると基本変形によって

$$\det A = \det \begin{pmatrix} \cdots & \cdots & \cdots & \cdots \\ a_{i1} & a_{i2} & \cdots & a_{in} \\ \cdots & \cdots & \cdots & \cdots \\ a_{j1} & a_{j2} & \cdots & a_{jn} \\ \cdots & \cdots & \cdots & \cdots \end{pmatrix} \xrightarrow[i\,\text{行}\times(-1)\,+\,j\,\text{行}]{} \det \begin{pmatrix} \cdots & \cdots & \cdots & \cdots \\ a_{i1} & a_{i2} & \cdots & a_{in} \\ \cdots & \cdots & \cdots & \cdots \\ 0 & 0 & \cdots & 0 \\ \cdots & \cdots & \cdots & \cdots \end{pmatrix}$$

というように，第 j 行がすべて 0 になる．この行列式は上の命題 10.1 によって 0 であり，証明が終わる．　　　　$\square$

10.2　余因子行列の導出

　本節では,「余因子行列」が逆行列の公式に自然に現れてくる過程を追っていこう. 主に 3 次行列の場合を例にとって説明していく.

　まず, 3 次行列 $A = \begin{pmatrix} a & b & c \\ d & e & f \\ g & h & i \end{pmatrix}$ について $\det A$ を第 1 行で余因子展開すると,

$$\det A = a\Delta_{11} + b\Delta_{12} + c\Delta_{13} \tag{10.1}$$

という式になる. そこで $B = \begin{pmatrix} d & e & f \\ d & e & f \\ g & h & i \end{pmatrix}$ という, A の第 1 行を全部第 2 行と同じ成分にした行列を考えてみる. このとき $\det B$ を余因子展開してみたい. そこで B の $(1,1)$ 余因子, $(1,2)$ 余因子, $(1,3)$ 余因子を求めると, それぞれ

$$(-1)^{1+1} \det \begin{pmatrix} e & f \\ h & i \end{pmatrix}, \quad (-1)^{1+2} \det \begin{pmatrix} d & f \\ g & i \end{pmatrix}, \quad (-1)^{1+3} \det \begin{pmatrix} d & e \\ g & h \end{pmatrix}$$

であって, これらはもとの A の余因子 $\Delta_{11}, \Delta_{12}, \Delta_{13}$ と一致している. したがって, $\det B$ の第 1 行での余因子展開は

$$\det \begin{pmatrix} d & e & f \\ d & e & f \\ g & h & i \end{pmatrix} = d\Delta_{11} + e\Delta_{12} + f\Delta_{13} \tag{10.2}$$

となる. 一方, この左辺の行列は第 1 行と第 2 行が完全に一致しているから, 命題 10.2 より

$$\det \begin{pmatrix} d & e & f \\ d & e & f \\ g & h & i \end{pmatrix} = 0 \tag{10.3}$$

である. したがって, (10.2) と (10.3) より,

$$d\Delta_{11} + e\Delta_{12} + f\Delta_{13} = 0 \tag{10.4}$$

という式が得られる. 同様に, 命題 10.2 より

$$\det \begin{pmatrix} g & h & i \\ d & e & f \\ g & h & i \end{pmatrix} = 0$$

だが, 左辺を第 1 行で余因子展開してみると

$$g\Delta_{11} + h\Delta_{12} + i\Delta_{13} = 0 \qquad (10.5)$$

という式が得られる.

ここまでにでてきた (10.1), (10.4), (10.5) をまとめて次のように書くことができる：

$$\begin{pmatrix} a & b & c \\ d & e & f \\ g & h & i \end{pmatrix} \begin{pmatrix} \Delta_{11} \\ \Delta_{12} \\ \Delta_{13} \end{pmatrix} = \begin{pmatrix} \det A \\ 0 \\ 0 \end{pmatrix} \qquad (10.6)$$

ここまでは，A の第 1 行を，その第 2 行や第 3 行で置きかえた行列で考えたが，同様に，A の第 2 行を，その第 1 行や第 3 行で置きかえた行列で考えれば

$$\begin{pmatrix} a & b & c \\ d & e & f \\ g & h & i \end{pmatrix} \begin{pmatrix} \Delta_{21} \\ \Delta_{22} \\ \Delta_{23} \end{pmatrix} = \begin{pmatrix} 0 \\ \det A \\ 0 \end{pmatrix} \qquad (10.7)$$

という等式が得られるし，A の第 3 行を，その第 1 行や第 2 行で置きかえた行列で考えれば，

$$\begin{pmatrix} a & b & c \\ d & e & f \\ g & h & i \end{pmatrix} \begin{pmatrix} \Delta_{31} \\ \Delta_{32} \\ \Delta_{33} \end{pmatrix} = \begin{pmatrix} 0 \\ 0 \\ \det A \end{pmatrix} \qquad (10.8)$$

という等式になる.

これら 3 つの式をさらにまとめれば，

$$\begin{pmatrix} a & b & c \\ d & e & f \\ g & h & i \end{pmatrix} \begin{pmatrix} \Delta_{11} & \Delta_{21} & \Delta_{31} \\ \Delta_{12} & \Delta_{22} & \Delta_{32} \\ \Delta_{13} & \Delta_{23} & \Delta_{33} \end{pmatrix} = \begin{pmatrix} \det A & 0 & 0 \\ 0 & \det A & 0 \\ 0 & 0 & \det A \end{pmatrix}$$
$$= (\det A)E_3$$

という等式が得られる.したがって，もし $\det A \neq 0$ ならば，それで割ることによって

$$\begin{pmatrix} a & b & c \\ d & e & f \\ g & h & i \end{pmatrix} \cdot \frac{1}{\det A} \begin{pmatrix} \Delta_{11} & \Delta_{21} & \Delta_{31} \\ \Delta_{12} & \Delta_{22} & \Delta_{32} \\ \Delta_{13} & \Delta_{23} & \Delta_{33} \end{pmatrix} = E_3$$

となり，これは

「行列 $\begin{pmatrix} a & b & c \\ d & e & f \\ g & h & i \end{pmatrix}$ の逆行列は $\dfrac{1}{\det A} \begin{pmatrix} \Delta_{11} & \Delta_{21} & \Delta_{31} \\ \Delta_{12} & \Delta_{22} & \Delta_{32} \\ \Delta_{13} & \Delta_{23} & \Delta_{33} \end{pmatrix}$ である」

ということを意味している.

ここまで 3 次行列の場合に説明してきたことは，次のように一般化される．

定義 10.3 n 次行列 A に対して，その第 (i,j) 余因子を並べてできる n 次行列

$$\begin{pmatrix} \Delta_{11} & \Delta_{21} & \cdots & \Delta_{n1} \\ \Delta_{12} & \Delta_{22} & \cdots & \Delta_{n2} \\ \vdots & \vdots & \ddots & \vdots \\ \Delta_{1n} & \Delta_{2n} & \cdots & \Delta_{n3} \end{pmatrix}$$

を A の**余因子行列**といい，$\mathrm{adj}A$ と書く．

この余因子行列を用いて，次の逆行列の公式が得られる：

命題 10.4 n 次行列 A に対し，

$$A \cdot (\mathrm{adj}A) = (\det A)E_n$$

が成り立つ，したがって，もし $\det A \neq 0$ ならば，A の逆行列は

$$A^{-1} = \frac{1}{\det A} \cdot \mathrm{adj}A$$

で与えられる．

10.3 余因子行列を用いた逆行列の計算

例題 10.1 行列 $A = \begin{pmatrix} 1 & 2 & 3 \\ 4 & 5 & 6 \\ 7 & 8 & 8 \end{pmatrix}$ の逆行列を，余因子行列を用いて求めよ．

[**解**] まず $\det A$ を求めると，サラスの方法より

$$\det A = 1 \cdot 5 \cdot 8 + 2 \cdot 6 \cdot 7 + 3 \cdot 4 \cdot 8 - 1 \cdot 6 \cdot 8 - 2 \cdot 4 \cdot 8 - 3 \cdot 5 \cdot 7$$
$$= 40 + 84 + 96 - 48 - 64 - 105$$
$$= 3$$

である．次に，余因子は，以下のように余因子行列の並び方にあわせて計算を書くと間違いがない：

$$\Delta_{11} = \det \begin{pmatrix} 5 & 6 \\ 8 & 8 \end{pmatrix} = -8, \quad \Delta_{21} = -\det \begin{pmatrix} 2 & 3 \\ 8 & 8 \end{pmatrix} = 8, \quad \Delta_{31} = \det \begin{pmatrix} 2 & 3 \\ 5 & 6 \end{pmatrix} = -3,$$

$$\Delta_{12} = -\det\begin{pmatrix} 4 & 6 \\ 7 & 8 \end{pmatrix} = 10, \quad \Delta_{22} = \det\begin{pmatrix} 1 & 3 \\ 7 & 8 \end{pmatrix} = -13, \quad \Delta_{32} = -\det\begin{pmatrix} 1 & 3 \\ 4 & 6 \end{pmatrix} = 6,$$

$$\Delta_{13} = \det\begin{pmatrix} 4 & 5 \\ 7 & 8 \end{pmatrix} = -3, \quad \Delta_{23} = -\det\begin{pmatrix} 1 & 2 \\ 7 & 8 \end{pmatrix} = 6, \quad \Delta_{33} = \det\begin{pmatrix} 1 & 2 \\ 4 & 5 \end{pmatrix} = -3$$

したがって，余因子行列は

$$\mathrm{adj}A = \begin{pmatrix} -8 & 8 & -3 \\ 10 & -13 & 6 \\ -3 & 6 & -3 \end{pmatrix}$$

となる．そして命題 10.4 より

$$A^{-1} = \frac{1}{3}\begin{pmatrix} -8 & 8 & -3 \\ 10 & -13 & 6 \\ -3 & 6 & -3 \end{pmatrix}$$

が得られる． □

注意　これで，逆行列の計算法として，

    (1) 基本変形を用いる方法 (第 4 章)，

    (2) 余因子行列を用いる方法 (本章)

の 2 つを手に入れたわけだが，それぞれ利点があり，どちらにも習熟しておくのがよい．大まかには，

    (1) は，行列の成分がすべて数値で与えられる具体的な場合，

    (2) は，行列の成分に文字が含まれている場合や，理論的な考察の場合

に適しているといえよう．

第 10 章の練習問題

1. 次の行列の逆行列を余因子行列を用いて求めよ．

(1) $\begin{pmatrix} 1 & 0 & 2 \\ 3 & 4 & 3 \\ 1 & 1 & 1 \end{pmatrix}$
    (2) $\begin{pmatrix} -2 & 3 & -4 \\ 1 & -1 & 2 \\ 1 & a & 1 \end{pmatrix}$ (a は定数)

2. a が複素数のとき，次の行列が逆行列をもたないような a の値を求めよ．そして a がそれ以外の値のとき，余因子行列を用いて逆行列を求めよ．

(1) $\begin{pmatrix} 1 & a & 0 \\ a & 1 & a \\ 0 & a & 1 \end{pmatrix}$
    (2) $\begin{pmatrix} 1 & a & a \\ a & 1 & a \\ a & a & 1 \end{pmatrix}$
    (3) $\begin{pmatrix} 1 & a & 0 & 0 \\ 0 & 1 & a & 0 \\ 0 & 0 & 1 & a \\ a & 0 & 0 & 1 \end{pmatrix}$

$11.$ クラメルの公式

本章では，連立方程式を行列式を用いて解く「クラメルの公式」を解説する．11.1 節でその公式と使い方を説明し，そのあとの 11.2 節で，この公式が余因子展開と余因子行列から自然に導かれることを述べる．

11.1 公式の定式化

2 元 1 次連立方程式については，**クラメルの公式**は次のように定式化される：

命題 11.1 連立方程式
$$\begin{cases} a_{11}x + a_{12}y = c_1 \\ a_{21}x + a_{22}y = c_2 \end{cases}$$
の解 x, y は，係数行列を $A = \begin{pmatrix} a_{11} & a_{12} \\ a_{21} & a_{22} \end{pmatrix}$ とおくと，$\det A \neq 0$ のとき次の式で与えられる：
$$x = \frac{\begin{pmatrix} c_1 & a_{12} \\ c_2 & a_{22} \end{pmatrix}}{\det A}, \quad y = \frac{\begin{pmatrix} a_{11} & c_1 \\ a_{21} & c_2 \end{pmatrix}}{\det A} \tag{11.1}$$

---

3 元 1 次連立方程式については，次のように定式化される：

命題 11.2 連立方程式
$$\begin{cases} a_{11}x + a_{12}y + a_{13}z = c_1 \\ a_{21}x + a_{22}y + a_{23}z = c_2 \\ a_{31}x + a_{32}y + a_{33}z = c_3 \end{cases}$$
の解 x, y, z は，係数行列を $A = \begin{pmatrix} a_{11} & a_{12} & a_{13} \\ a_{21} & a_{22} & a_{23} \\ a_{31} & a_{32} & a_{33} \end{pmatrix}$ とおくと，$\det A \neq 0$ のとき次の式で与えられる：

$$x = \dfrac{\begin{pmatrix} c_1 & a_{12} & a_{13} \\ c_2 & a_{22} & a_{23} \\ c_3 & a_{32} & a_{33} \end{pmatrix}}{\det A}, \quad y = \dfrac{\begin{pmatrix} a_{11} & c_1 & a_{13} \\ a_{21} & c_2 & a_{23} \\ a_{31} & c_3 & a_{33} \end{pmatrix}}{\det A}, \quad z = \dfrac{\begin{pmatrix} a_{11} & a_{12} & c_1 \\ a_{21} & a_{22} & c_2 \\ a_{31} & a_{32} & c_3 \end{pmatrix}}{\det A}$$

$$(11.2)$$

公式を使って具体的な問題を解いてみよう.

例題 11.1 次の連立方程式をクラメルの公式を用いて解け.

$$\begin{cases} 4x + 3y = 5 \\ 7x + 8y = 6 \end{cases}$$

[解] まず,係数行列は $A = \begin{pmatrix} 4 & 3 \\ 7 & 8 \end{pmatrix}$ であるから,その行列式は

$$\det A = 4 \cdot 8 - 3 \cdot 7 = 11$$

である.あとは公式 (11.1) に代入していけばよい:

$$x = \frac{\det \begin{pmatrix} 5 & 3 \\ 6 & 8 \end{pmatrix}}{\det A} = \frac{5 \cdot 8 - 3 \cdot 6}{11} = \frac{22}{11} = 2,$$

$$y = \frac{\det \begin{pmatrix} 4 & 5 \\ 7 & 6 \end{pmatrix}}{\det A} = \frac{4 \cdot 6 - 5 \cdot 7}{11} = \frac{-11}{11} = -1$$

したがって解は

$$\begin{cases} x = 2 \\ y = -1 \end{cases}$$

である. □

例題 11.2 次の連立方程式をクラメルの公式を用いて解け.

$$\begin{cases} 4x + 3y + 6z = 0 \\ 5x + 3y \qquad = 9 \\ 3x + 2y + \ z = 4 \end{cases}$$

[解] まず,係数行列は $A = \begin{pmatrix} 4 & 3 & 6 \\ 5 & 3 & 0 \\ 3 & 2 & 1 \end{pmatrix}$ であるから,その行列式は

$$\det A = 4 \cdot 3 \cdot 1 + 6 \cdot 5 \cdot 2 - 3 \cdot 5 \cdot 1 - 6 \cdot 3 \cdot 3 = 3$$

である．あとは公式 (11.2) に代入していけばよい：

$$
x = \frac{\det \begin{pmatrix} 0 & 3 & 6 \\ 9 & 3 & 0 \\ 4 & 2 & 1 \end{pmatrix}}{\det A}
$$
$$
= \frac{6 \cdot 9 \cdot 2 - 3 \cdot 9 \cdot 1 - 6 \cdot 3 \cdot 4}{3} = \frac{9}{3} = 3,
$$

$$
y = \frac{\det \begin{pmatrix} 4 & 0 & 6 \\ 5 & 9 & 0 \\ 3 & 4 & 1 \end{pmatrix}}{\det A}
$$
$$
= \frac{4 \cdot 9 \cdot 1 + 6 \cdot 5 \cdot 4 - 6 \cdot 9 \cdot 3}{3} = \frac{-6}{3} = -2,
$$

$$
z = \frac{\det \begin{pmatrix} 4 & 3 & 0 \\ 5 & 3 & 9 \\ 3 & 2 & 4 \end{pmatrix}}{\det A}
$$
$$
= \frac{4 \cdot 3 \cdot 4 + 3 \cdot 9 \cdot 3 - 4 \cdot 9 \cdot 2 - 3 \cdot 5 \cdot 4}{3} = \frac{-3}{3} = -1
$$

したがって解は

$$
\begin{cases}
x = 3 \\
y = -2 \\
z = -1
\end{cases}
$$

である． □

11.2 公式の導出

クラメルの公式がどのように導かれるかを，3 元 1 次の連立方程式の場合を例として説明しよう．(n 元 1 次の連立方程式の場合も同様にできる．)

連立方程式

$$
\begin{cases}
a_{11}x + a_{12}y + a_{13}z = c_1 \\
a_{21}x + a_{22}y + a_{23}z = c_2 \\
a_{31}x + a_{32}y + a_{33}z = c_3
\end{cases}
\tag{11.3}
$$

が与えられたとき，その係数行列を $A = \begin{pmatrix} a_{11} & a_{12} & a_{13} \\ a_{21} & a_{22} & a_{23} \\ a_{31} & a_{32} & a_{33} \end{pmatrix}$ とおく．このと

き，未知数 x, y, z を成分とするベクトルを

$$\boldsymbol{x} = \begin{pmatrix} x \\ y \\ z \end{pmatrix},$$

方程式の右辺を成分とするベクトルを

$$\boldsymbol{c} = \begin{pmatrix} c_1 \\ c_2 \\ c_3 \end{pmatrix}$$

とすると，方程式 (11.3) は行列を用いて

$$A\boldsymbol{x} = \boldsymbol{c}$$

と表される．したがって，この両辺に左から逆行列 A^{-1} を掛ければ

$$\boldsymbol{x} = A^{-1}\boldsymbol{c} \tag{11.4}$$

というように $\boldsymbol{x}$ が求められる．さらに前章の余因子行列を用いると，$\det A \neq 0$ のとき

$$A^{-1} = \frac{1}{\det A}(\mathrm{adj}A)$$

であったから，これを (11.4) に代入すると

$$\boldsymbol{x} = \frac{1}{\det A}(\mathrm{adj}A)\boldsymbol{c}$$

である．ここで余因子行列 $\mathrm{adj}A$ の定義を代入すると

$$\begin{pmatrix} x \\ y \\ z \end{pmatrix} = \frac{1}{\det A} \begin{pmatrix} \Delta_{11} & \Delta_{21} & \Delta_{31} \\ \Delta_{12} & \Delta_{22} & \Delta_{32} \\ \Delta_{13} & \Delta_{23} & \Delta_{33} \end{pmatrix} \begin{pmatrix} c_1 \\ c_2 \\ c_3 \end{pmatrix}$$

$$= \frac{1}{\det A} \begin{pmatrix} c_1\Delta_{11} + c_2\Delta_{21} + c_3\Delta_{31} \\ c_2\Delta_{12} + c_2\Delta_{22} + c_3\Delta_{32} \\ c_1\Delta_{13} + c_2\Delta_{23} + c_3\Delta_{33} \end{pmatrix}$$

このとき，この最後の辺のベクトルのそれぞれの成分が，余因子展開をとおしてある行列式に等しくなる．というのは，第1成分は

$$\det \begin{pmatrix} c_1 & a_{12} & a_{13} \\ c_2 & a_{22} & a_{23} \\ c_3 & a_{32} & a_{33} \end{pmatrix}$$

を第 1 列で余因子展開した式であり，第 2 成分は

$$\det \begin{pmatrix} a_{11} & c_1 & a_{13} \\ a_{21} & c_2 & a_{23} \\ a_{31} & c_3 & a_{33} \end{pmatrix}$$

を第 2 列で余因子展開した式であり，第 3 成分は

$$\det \begin{pmatrix} a_{11} & a_{12} & c_1 \\ a_{21} & a_{22} & c_2 \\ a_{31} & a_{32} & c_3 \end{pmatrix}$$

を第 3 列で余因子展開した式だからである．これで命題 11.2 が証明できた．

第 11 章の練習問題

1. 次の連立方程式をクラメルの公式を用いて解け．

(1) $\begin{cases} 4x - 5y = 1 \\ -7x + 8y = -2 \end{cases}$ (2) $\begin{cases} 5x + 3y = 1 \\ 7x + 4y = 2 \end{cases}$

(3) $\begin{cases} x + 2y + 3z = -3 \\ -5x - 3y + 2z = 2 \\ 2x + y - z = -1 \end{cases}$ (4) $\begin{cases} 4x - 2y + z = -3 \\ -3x + 5y - z = 2 \\ 2x + 2y + z = -1 \end{cases}$

2. 次の連立方程式をクラメルの公式を用いて解け．ただし $a \neq \pm b$ とする．

$$\begin{cases} ax + by = a^2 \\ bx + ay = b^2 \end{cases}$$

$12.$ 1次従属・1次独立

　線形代数の理論的考察には「次元」の概念が本質的にかかわってくる．本章ではその定式化に必要な「1次従属」「1次独立」という概念とその判定法を説明し，次元とは何かを明確にする．

12.1　1次従属：例と計算法

　前章まで行列の基本変形を基本的な道具として，いろいろな問題を解いてきた．その際，基本変形の途中で，ある行 (あるいは列) が全部 0 になってしまう，という現象が起きるか起きないかで，その処理がかなり違ったものになった．したがって，この現象の起きる原因を注意深く分析しておくことが，より進んだ問題を考えるときに重要になる．ここに「1次従属」の概念が登場する．

　まず例でみてみよう．

例 12.1　たとえば，行列 $A = \begin{pmatrix} 1 & 2 & 3 \\ 4 & 5 & 6 \\ 7 & 8 & 9 \end{pmatrix}$ の階段形の求め方はすでに第 3章で述べたが，ここでは各行が基本変形でどのように変化していくか，ということもみたいので，A の右側に 1 列付け加えて第 4 列として「$\boldsymbol{a}_1, \boldsymbol{a}_2, \boldsymbol{a}_3$」も書き加えた行列からスタートして変形していく：

$$\begin{pmatrix} 1 & 2 & 3 & \Big| & \boldsymbol{a}_1 \\ 4 & 5 & 6 & \Big| & \boldsymbol{a}_2 \\ 7 & 8 & 9 & \Big| & \boldsymbol{a}_3 \end{pmatrix} \xrightarrow[\text{1 行×}(-7)\text{ + 3 行}]{\text{1 行×}(-4)\text{ + 2 行}} \begin{pmatrix} 1 & 2 & 3 & \Big| & \boldsymbol{a}_1 \\ 0 & -3 & -6 & \Big| & -4\boldsymbol{a}_1 + \boldsymbol{a}_2 \\ 0 & -6 & -12 & \Big| & -7\boldsymbol{a}_1 + \boldsymbol{a}_3 \end{pmatrix}$$

$$\xrightarrow{\text{2 行×}(-\frac{1}{3})} \begin{pmatrix} 1 & 2 & 3 & \Big| & \boldsymbol{a}_1 \\ 0 & 1 & 2 & \Big| & \frac{4}{3}\boldsymbol{a}_1 - \frac{1}{3}\boldsymbol{a}_2 \\ 0 & -6 & -12 & \Big| & -7\boldsymbol{a}_1 + \boldsymbol{a}_3 \end{pmatrix}$$

$$\xrightarrow{\text{2 行×6 + 3 行}} \begin{pmatrix} 1 & 2 & 3 & \Big| & \boldsymbol{a}_1 \\ 0 & 1 & 2 & \Big| & \frac{4}{3}\boldsymbol{a}_1 - \frac{1}{3}\boldsymbol{a}_2 \\ 0 & 0 & 0 & \Big| & \boldsymbol{a}_1 - 2\boldsymbol{a}_2 + \boldsymbol{a}_3 \end{pmatrix}$$

となり，縦棒の左側の行列の第 3 行が全部 0 になった．これは縦棒の右側の

第 3 行のベクトル $\boldsymbol{a}_1 - 2\boldsymbol{a}_2 + \boldsymbol{a}_3$ が零ベクトル $\boldsymbol{0}$ になることを意味しているから次の等式が得られる：

$$\boldsymbol{a}_1 + (-2)\boldsymbol{a}_2 + \boldsymbol{a}_3 = \boldsymbol{0}$$

いい換えれば

「与えられた行列 A の 3 つの行ベクトル $\boldsymbol{a}_1, \boldsymbol{a}_2, \boldsymbol{a}_3$ を用いて
それぞれを何倍かして加えれば零ベクトル $\boldsymbol{0}$ になる」

ということが，基本変形によってある行が全部 0 になる原因だ，ということがわかった. □

12.2　1 次従属：定式化

前節の例をふまえて一般的な定式化を行う.

定義 12.1　与えられたいくつかの行ベクトル $\boldsymbol{a}_1, \boldsymbol{a}_2, \cdots, \boldsymbol{a}_k$ から，何らかの定数 $c_1, c_2, \cdots, c_k$ を用いてつくった

$$c_1\boldsymbol{a}_1 + c_2\boldsymbol{a}_2 + \cdots + c_k\boldsymbol{a}_k \tag{12.1}$$

という行ベクトルを，「$\boldsymbol{a}_1, \boldsymbol{a}_2, \cdots, \boldsymbol{a}_k$ の **1 次結合**」という．そして，係数 $c_1, c_2, \cdots, c_k$ の中に少なくとも 1 つ 0 でないものがあるとき，「**自明でない 1 次結合**」という．列ベクトルの場合も同様である.

上の例でみたことを，このことばを用いてまとめると次のようになる：

命題 12.2　(1)　$m \times n$ 行列 A の第 i 行のなす行ベクトルを $\boldsymbol{a}_i$ $(1 \leq i \leq m)$ とする．このとき次の (1–1) と (1–2) は同値である：

(1–1)「A に行基本変形を行うと，ある行が全部 0 になる」

(1–2)「$\boldsymbol{a}_1, \boldsymbol{a}_2, \cdots, \boldsymbol{a}_m$ の自明でない 1 次結合が零ベクトルになる」

(2)　$m \times n$ 行列 B の第 j 列のなす行ベクトルを $\boldsymbol{b}_j$ $(1 \leq j \leq n)$ とする．このとき次の (2–1) と (2–2) は同値である：

(2–1)「B に列基本変形を行うと，ある列が全部 0 になる」

(2–2)「$\boldsymbol{b}_1, \boldsymbol{b}_2, \cdots, \boldsymbol{b}_n$ の自明でない 1 次結合が零ベクトルになる」

さらに，いくつかのベクトルの自明でない 1 次結合が零ベクトルになるとき，

「これらのベクトルは **1 次従属**である」

という．したがって，命題 12.2 をいいなおすと次のようになる：

命題 12.3 (1) $m \times n$ 行列に行基本変形を行うとある行が全部 0 になることと，その m 個の行ベクトルが 1 次従属であることとは同値である．

(2) $m \times n$ 行列に列基本変形を行うとある列が全部 0 になることと，その n 個の列ベクトルが 1 次従属であることとは同値である．

実際にどのような 1 次結合が零ベクトルになるかは，例 12.1 のように，最後の列に「$\boldsymbol{a}_1, \boldsymbol{a}_2, \cdots, \boldsymbol{a}_n$」を付け加えた行列を基本変形すればわかる．

12.3 1 次独立

「1 次従属」という概念の反対概念として，「1 次独立」を定義する．すなわち，

「$\boldsymbol{a}_1, \boldsymbol{a}_2, \cdots, \boldsymbol{a}_k$ の自明でない 1 次結合はけっして零ベクトルにならない」

とき，

「$\boldsymbol{a}_1, \boldsymbol{a}_2, \cdots, \boldsymbol{a}_k$ は **1 次独立**である」

というのである．いい換えると，

「$c_1 \boldsymbol{a}_1 + c_2 \boldsymbol{a}_2 + \cdots + c_k \boldsymbol{a}_k = \boldsymbol{0}$ ならば $c_1 = c_2 = \cdots = c_k = 0$」

となるとき，$\boldsymbol{a}_1, \boldsymbol{a}_2, \cdots, \boldsymbol{a}_k$ は 1 次独立なのである．

これらのことばを用いて，いままでのところをまとめておこう：

命題 12.4 m 個の n 項行ベクトル $\boldsymbol{a}_1, \boldsymbol{a}_2, \cdots, \boldsymbol{a}_m$ について，これらを並べてつくった $m \times n$ 行列

$$\begin{pmatrix} \boldsymbol{a}_1 \\ \boldsymbol{a}_2 \\ \vdots \\ \boldsymbol{a}_m \end{pmatrix}$$

を A とする．このとき，次のように判定できる：

(1) 「$\boldsymbol{a}_1, \boldsymbol{a}_2, \cdots, \boldsymbol{a}_m$ が 1 次従属」

$\Longleftrightarrow$ 「A の階段形の第 m 行が全部 0 になる」

(2) 「$a_1, a_2, \cdots, a_m$ が 1 次独立」

$\Longleftrightarrow$ 「A の階段形の第 m 行に 0 でない成分がある」

したがって，次の重要な事実が得られる：

系 12.5　次の 3 つの性質は互いに同値である：
(1) n 次行列 A の n 個の行ベクトルが 1 次独立．
(2) $\det A \neq 0$.
(3) n 次行列 A の n 個の列ベクトルが 1 次独立．

[証明]　　A の n 個の行ベクトルが 1 次独立，ということは，行基本変形の結果が単位行列になるということで，これは第 4 章でみたように，$\det A \neq 0$ ということと同値である．したがって (1) と (2) は同値である．そして行列式の計算は列基本変形を用いてもよかったから，列基本変形を考えれば (2) と (3) の同値性もでる．　　　　　　　　　　　　　　　　　　　　　　　　　　□

12.4　線形空間としての行空間

$m \times n$ 行列 A の m 個の行ベクトルを

$$a_1, \quad a_2, \quad \cdots, \quad a_m$$

とおく．このとき，これらのベクトルの 1 次結合としてつくられるベクトル全体の集合を

$$R(A) = \{c_1 a_1 + c_2 a_2 + \cdots + c_m a_m \mid c_1, c_2, \cdots, c_m \in \mathbf{R}\}$$

と書き，行列 A の**行空間**とよぶ．ここで重要なのは次の命題である：

命題 12.6　行空間 $R(A)$ について，次の性質が成り立つ：
(1) $v, w \in R(A)$ ならば $v + w \in R(A)$.
(2) $v \in R(A)$ ならば，任意の実数 c に対して $cv \in R(A)$.

[証明]　　(1)　仮定より

$$v = c_1 a_1 + c_2 a_2 + \cdots + c_m a_m,$$

$$w = d_1\boldsymbol{a}_1 + d_2\boldsymbol{a}_2 + \cdots + d_m\boldsymbol{a}_m$$

となるような実数 $c_i, d_i\ (1 \le i \le m)$ が存在する．この 2 つの式を加えると

$$\boldsymbol{v} + \boldsymbol{w} = (c_1 + d_1)\boldsymbol{a}_1 + (c_2 + d_2)\boldsymbol{a}_2 + \cdots + (c_m + d_m)\boldsymbol{a}_m$$

となって右辺は $\boldsymbol{a}_1, \boldsymbol{a}_2, \cdots, \boldsymbol{a}_m$ の 1 次結合であるから，$R(A)$ に属する．

(2) 仮定より

$$\boldsymbol{v} = c_1\boldsymbol{a}_1 + c_2\boldsymbol{a}_2 + \cdots + c_m\boldsymbol{a}_m$$

となるような実数 $c_i\ (1 \le i \le m)$ が存在する．この両辺を c 倍すると

$$c\boldsymbol{v} = cc_1\boldsymbol{a}_1 + cc_2\boldsymbol{a}_2 + \cdots + cc_m\boldsymbol{a}_m$$

となって右辺は $\boldsymbol{a}_1, \boldsymbol{a}_2, \cdots, \boldsymbol{a}_m$ の 1 次結合であり，$R(A)$ に属する． $\square$

この命題の「$R(A)$」のところを一般の集合「V」に変えたのが次の定義である：

定義 12.7 集合 V が次の 2 つの条件をみたすとき，「V は **線形空間** である」という：

(1) $\boldsymbol{v}, \boldsymbol{w} \in V$ ならば $\boldsymbol{v} + \boldsymbol{w} \in V$．

(2) $\boldsymbol{v} \in V$ ならば，任意の実数 c に対して $c\boldsymbol{v} \in V$．

したがって命題 12.6 は

「行空間 $R(A)$ は線形空間である」

といい表すことができ，それが「行空間」とよばれる理由なのである．

12.5 基底・次元・ランク

ここでは，第 3 章で導入した階段形，そして行列のランクが，線形空間の重要な概念と直結していることをみていきたい．

定義 12.8 線形空間 V の d 個の元 $\boldsymbol{v}_1, \boldsymbol{v}_2, \cdots, \boldsymbol{v}_d$ が次の 2 つの条件をみたすとき，これらは「V の **基底** である」という：

(1) $\boldsymbol{v}_1, \boldsymbol{v}_2, \cdots, \boldsymbol{v}_d$ は 1 次独立である．

(2) V の任意の元は $\boldsymbol{v}_1, \boldsymbol{v}_2, \cdots, \boldsymbol{v}_d$ の 1 次結合として表される．

　　そして，V が d 個の元からなる基底をもつとき，V の**次元**は d である，といい，記号で

$$\dim V = d$$

と表す.

例 12.2　3 項列ベクトルの全体 $\mathbf{R}^3$ は足し算，定数倍が定義されており，定義 12.7 の意味で線形空間である．そして次の 3 つのベクトル

$$\boldsymbol{e}_1 = \begin{pmatrix} 1 \\ 0 \\ 0 \end{pmatrix}, \quad \boldsymbol{e}_2 = \begin{pmatrix} 0 \\ 1 \\ 0 \end{pmatrix}, \quad \boldsymbol{e}_3 = \begin{pmatrix} 0 \\ 0 \\ 1 \end{pmatrix}$$

は $\mathbf{R}^3$ の基底である．これを確かめるためには，定義 12.8 の条件 (1), (2) が成り立つことを示せばよい．(1) については，

$$c_1 \boldsymbol{e}_1 + c_2 \boldsymbol{e}_2 + c_3 \boldsymbol{e}_3 = \boldsymbol{0}$$

と仮定すると，左辺は

$$c_1 \begin{pmatrix} 1 \\ 0 \\ 0 \end{pmatrix} + c_2 \begin{pmatrix} 0 \\ 1 \\ 0 \end{pmatrix} + c_3 \begin{pmatrix} 0 \\ 0 \\ 1 \end{pmatrix} = \begin{pmatrix} c_1 \\ c_2 \\ c_3 \end{pmatrix}$$

であり，これが零ベクトル $\boldsymbol{0}$ に等しいということは $c_1 = c_2 = c_3 = 0$ であり，1 次独立であることがわかる．(2) については，$\mathbf{R}^3$ の任意のベクトルは $\begin{pmatrix} a_1 \\ a_2 \\ a_3 \end{pmatrix}$ と表され，これを

$$a_1 \begin{pmatrix} 1 \\ 0 \\ 0 \end{pmatrix} + a_2 \begin{pmatrix} 0 \\ 1 \\ 0 \end{pmatrix} + a_3 \begin{pmatrix} 0 \\ 0 \\ 1 \end{pmatrix} = a_1 \boldsymbol{e}_1 + a_2 \boldsymbol{e}_2 + a_3 \boldsymbol{e}_3$$

と表すことができるから条件 (2) も成り立つ．したがって，$\dim \mathbf{R}^3 = 3$ である.
　　　　　　　　　　　　　　　　　　　　　　　　　　　　　　　□

　　この例は，次のように一般化される．(証明は同様にしてできる.)

命題 12.9 n 項列ベクトル全体の集合 $\mathbf{R}^n$ は線形空間であり,

$$\boldsymbol{e}_1 = \begin{pmatrix} 1 \\ 0 \\ \vdots \\ 0 \end{pmatrix}, \quad \boldsymbol{e}_2 = \begin{pmatrix} 0 \\ 1 \\ \vdots \\ 0 \end{pmatrix}, \quad \cdots, \quad \boldsymbol{e}_n = \begin{pmatrix} 0 \\ 0 \\ \vdots \\ 1 \end{pmatrix}$$

はその基底である (これを $\mathbf{R}^n$ の**標準基底**という). したがって, その次元は

$$\dim \mathbf{R}^n = n$$

である.

本節では, 以降で

「A のランクは, A の行空間 $R(A)$ の次元に等しい」

ことをみていきたい. 次の定理が目標である:

定理 12.10 $m \times n$ 行列 A について, 次の等式が成り立つ:

$$\mathrm{rank}A = \dim R(A)$$

いくつかの命題を積み重ねて, この定理を証明していこう.

命題 12.11 A に行基本変形を行った行列を B とすると

$$R(A) = R(B) \tag{12.2}$$

が成り立つ.

[証明]　3 種類の基本変形それぞれについて (12.3) が成り立つことを確かめればよい.

Ⅲ 型の基本変形「第 i 行と第 j 行を入れかえ」の場合:　B の m 個の行ベクトルを $\boldsymbol{b}_1, \boldsymbol{b}_2, \cdots, \boldsymbol{b}_m$ とすると

$$\begin{cases} \boldsymbol{b}_i = \boldsymbol{a}_j \\ \boldsymbol{b}_j = \boldsymbol{a}_i \end{cases}$$

となるだけで, 他の k $(k \neq i, j)$ については $\boldsymbol{b}_k = \boldsymbol{a}_k$ であって変わらない. し

たがって等式

$$c_1\boldsymbol{b}_1 + c_2\boldsymbol{b}_2 + \cdots + c_i\boldsymbol{b}_i + \cdots + c_j\boldsymbol{b}_j + \cdots + c_m\boldsymbol{b}_m$$
$$= c_1\boldsymbol{a}_1 + c_2\boldsymbol{a}_2 + \cdots + c_i\boldsymbol{a}_j + \cdots + c_j\boldsymbol{a}_i + \cdots + c_m\boldsymbol{a}_m$$

が成り立つから，$\boldsymbol{b}_h\ (1 \le h \le m)$ の 1 次結合は $\boldsymbol{a}_h\ (1 \le h \le m)$ の 1 次結合と等しく，$R(A) = R(B)$ が成り立つ.

II 型の基本変形「第 i 行 $\times c\ (c \ne 0)$」の場合： B の m 個の行ベクトルを $\boldsymbol{b}_1, \boldsymbol{b}_2, \cdots, \boldsymbol{b}_m$ とすると

$$\boldsymbol{b}_i = c\boldsymbol{a}_i$$

となるだけで，他の $k\ (k \ne i)$ については $\boldsymbol{b}_k = \boldsymbol{a}_k$ であって変わらない．したがって等式

$$c_1\boldsymbol{b}_1 + c_2\boldsymbol{b}_2 + \cdots + c_i\boldsymbol{b}_i + \cdots + c_m\boldsymbol{b}_m$$
$$= c_1\boldsymbol{a}_1 + c_2\boldsymbol{a}_2 + \cdots + c_ic\boldsymbol{a}_i + \cdots + c_m\boldsymbol{a}_m$$

が成り立つから，$\boldsymbol{b}_h\ (1 \le h \le m)$ の 1 次結合は $\boldsymbol{a}_h\ (1 \le h \le m)$ の 1 次結合であり，さらに等式

$$c_1\boldsymbol{a}_1 + c_2\boldsymbol{a}_2 + \cdots + c_i\boldsymbol{a}_i + \cdots + c_m\boldsymbol{b}_m$$
$$= c_1\boldsymbol{b}_1 + c_2\boldsymbol{b}_2 + \cdots + c_i \cdot \frac{1}{c}\boldsymbol{b}_i + \cdots + c_m\boldsymbol{b}_m$$

が成り立つから，$\boldsymbol{a}_h\ (1 \le h \le m)$ の 1 次結合は $\boldsymbol{b}_h\ (1 \le h \le m)$ の 1 次結合であり，よって $R(A) = R(B)$ が成り立つ.

I 型の基本変形「第 i 行 $\times c +$ 第 j 行」の場合： $\boldsymbol{b}_j = c\boldsymbol{a}_i + \boldsymbol{a}_j$ となるだけで，他の $k\ (k \ne j)$ については $\boldsymbol{b}_k = \boldsymbol{a}_k$ であって変わらない．したがって等式

$$c_1\boldsymbol{b}_1 + c_2\boldsymbol{b}_2 + \cdots + c_j\boldsymbol{b}_j + \cdots + c_m\boldsymbol{b}_m$$
$$= c_1\boldsymbol{a}_1 + c_2\boldsymbol{a}_2 + \cdots + c_j(c\boldsymbol{a}_i + \boldsymbol{a}_j) + \cdots + c_m\boldsymbol{a}_m$$
$$= c_1\boldsymbol{a}_1 + c_2\boldsymbol{a}_2 + \cdots + (c_i + c_jc)\boldsymbol{a}_i + \cdots + c_j\boldsymbol{a}_j + \cdots + c_m\boldsymbol{a}_m$$

が成り立つから，$\boldsymbol{b}_h\ (1 \le h \le m)$ の 1 次結合は $\boldsymbol{a}_h\ (1 \le h \le m)$ の 1 次結合であり，さらに逆に等式

$$c_1\boldsymbol{a}_1 + c_2\boldsymbol{a}_2 + \cdots + c_j\boldsymbol{a}_j + \cdots + c_m\boldsymbol{a}_m$$
$$= c_1\boldsymbol{b}_1 + c_2\boldsymbol{b}_2 + \cdots + c_j(-c\boldsymbol{b}_i + \boldsymbol{b}_j) + \cdots + c_m\boldsymbol{b}_m$$
$$= c_1\boldsymbol{b}_1 + c_2\boldsymbol{b}_2 + \cdots + (c_i - c_jc)\boldsymbol{b}_i + \cdots + c_j\boldsymbol{b}_j + \cdots + c_m\boldsymbol{b}_m$$

が成り立つから，a_h $(1 \leq h \leq m)$ の 1 次結合は b_h $(1 \leq h \leq m)$ の 1 次結合であり，よって $R(A) = R(B)$ が成り立つ． □

次の命題は，階段形の重要な特徴を取り出している：

> **命題 12.12** $m \times n$ 行列 B が階段形であり，ランクが r であるとすると，その r 個の行ベクトル $b_1, b_2, \cdots, b_r$ は 1 次独立である．

[証明] 具体的な階段形を用いて説明する．たとえば，B が 3.2 節で用いた 6×10 行列

$$
\begin{pmatrix}
1 & 2 & 0 & 3 & 4 & 0 & 0 & 5 & 6 & 7 \\
0 & 0 & 1 & 8 & 9 & 0 & 0 & 10 & 11 & 12 \\
0 & 0 & 0 & 0 & 0 & 1 & 0 & 13 & 14 & 15 \\
0 & 0 & 0 & 0 & 0 & 0 & 1 & 16 & 17 & 18 \\
0 & 0 & 0 & 0 & 0 & 0 & 0 & 0 & 0 & 0 \\
0 & 0 & 0 & 0 & 0 & 0 & 0 & 0 & 0 & 0
\end{pmatrix}
$$

という階段形だとしよう．したがって，ランクは $r = 4$ である．このとき $b_1, b_2,$ b_3, b_4 が 1 次独立であることを示したい．そのためには

$$
c_1 b_1 + c_2 b_2 + c_3 b_3 + c_4 b_4 = 0
$$

と仮定して $c_1 = c_2 = c_3 = c_4 = 0$ であることを示せばよいが，左辺のベクトルを成分で表すと，「階段形の 1 の上下はすべて 0」であるおかげで

$$
\begin{pmatrix} c_1 & * & c_2 & * & * & c_3 & c_4 & * & * & * \end{pmatrix}
$$

となる．これが零ベクトルに等しいのだから，もちろん

$$
c_1 = c_2 = c_3 = c_4 = 0
$$

である． □

注意 証明は具体的な階段形で与えたが，この証明をみれば一般の階段形についても同様に，しかも簡潔に証明できることが納得できるであろう．

［定理 12.10 の証明］ 行列 A の階段形を B とし，そのランクを r とする．B は A に何回かの行基本変形を行うことで得られるから，命題 12.11 によって

$$R(A) = R(B)$$

であり，それらの次元も等しい：

$$\dim R(A) = \dim R(B)$$

そして命題 12.12 によれば $R(B)$ の次元は r である．したがって

$$\mathrm{rank}A = \dim R(A)$$

であり，定理 12.10 の証明が完成した． □

第 12 章の練習問題

1. 次の 3 項行ベクトル $\boldsymbol{a}_1, \boldsymbol{a}_2, \boldsymbol{a}_3$ のあいだに成り立つ自明でない 1 次関係式を求めよ．

(1) $\boldsymbol{a}_1 = \begin{pmatrix} 1 & 2 & 3 \end{pmatrix}$, $\boldsymbol{a}_2 = \begin{pmatrix} 2 & 3 & 4 \end{pmatrix}$, $\boldsymbol{a}_3 = \begin{pmatrix} 3 & 4 & 5 \end{pmatrix}$

(2) $\boldsymbol{a}_1 = \begin{pmatrix} 1 & 2 & 3 \end{pmatrix}$, $\boldsymbol{a}_2 = \begin{pmatrix} 3 & 7 & 7 \end{pmatrix}$, $\boldsymbol{a}_3 = \begin{pmatrix} 3 & 8 & 5 \end{pmatrix}$

(3) $\boldsymbol{a}_1 = \begin{pmatrix} 0 & 1 & 2 \end{pmatrix}$, $\boldsymbol{a}_2 = \begin{pmatrix} 1 & 3 & 5 \end{pmatrix}$, $\boldsymbol{a}_3 = \begin{pmatrix} 3 & 4 & 5 \end{pmatrix}$

2. 次の 2 項行ベクトル $\boldsymbol{a}_1, \boldsymbol{a}_2, \boldsymbol{a}_3$ について，$\boldsymbol{a}_3$ を $\boldsymbol{a}_1$ と $\boldsymbol{a}_2$ の 1 次結合として表せ．

(1) $\boldsymbol{a}_1 = \begin{pmatrix} 1 & 2 \end{pmatrix}$, $\boldsymbol{a}_2 = \begin{pmatrix} 3 & 4 \end{pmatrix}$, $\boldsymbol{a}_3 = \begin{pmatrix} 5 & 6 \end{pmatrix}$

(2) $\boldsymbol{a}_1 = \begin{pmatrix} 1 & 3 \end{pmatrix}$, $\boldsymbol{a}_2 = \begin{pmatrix} 4 & 1 \end{pmatrix}$, $\boldsymbol{a}_3 = \begin{pmatrix} 5 & -7 \end{pmatrix}$

(3) $\boldsymbol{a}_1 = \begin{pmatrix} 0 & 2 \end{pmatrix}$, $\boldsymbol{a}_2 = \begin{pmatrix} 1 & 6 \end{pmatrix}$, $\boldsymbol{a}_3 = \begin{pmatrix} 3 & 10 \end{pmatrix}$

$13.$ 固有値と固有ベクトル

本章では，行列の性質をより深く探っていく際に基本となる「固有値」，「固有ベクトル」の性質を調べる.

13.1 固有値と固有ベクトルの定義と例

最初に一般的な定義を与えておく：

> **定義 13.1** n 次行列 A に対して
> $$Ax = \lambda x \tag{13.1}$$
> という等式をみたす数 λ と，n 項列ベクトル $x\ (\neq 0)$ が存在するとき，λ を A の**固有値**，x を A の λ に関する**固有ベクトル**という.

いくつか具体例をみてみよう.

例 13.1　$A = \begin{pmatrix} 1 & 2 & 3 \\ 3 & 1 & 2 \\ 2 & 3 & 1 \end{pmatrix}$ のとき，A をベクトル $x = \begin{pmatrix} 1 \\ 1 \\ 1 \end{pmatrix}$ に掛けてみると，

$$Ax = \begin{pmatrix} 1 & 2 & 3 \\ 3 & 1 & 2 \\ 2 & 3 & 1 \end{pmatrix} \begin{pmatrix} 1 \\ 1 \\ 1 \end{pmatrix} = \begin{pmatrix} 6 \\ 6 \\ 6 \end{pmatrix} = 6 \begin{pmatrix} 1 \\ 1 \\ 1 \end{pmatrix} = 6x$$

となるから，$\lambda = 6$ は A の固有値，$x = \begin{pmatrix} 1 \\ 1 \\ 1 \end{pmatrix}$ は A の $\lambda = 6$ に関する固有ベクトルである.　　　　□

例 13.2　$A = \begin{pmatrix} 1 & 8 \\ 1 & 3 \end{pmatrix}$ のとき，A をベクトル $x = \begin{pmatrix} 2 \\ 1 \end{pmatrix}$ に掛けてみると，

$$Ax = \begin{pmatrix} 1 & 8 \\ 1 & 3 \end{pmatrix} \begin{pmatrix} 2 \\ 1 \end{pmatrix} = \begin{pmatrix} 10 \\ 5 \end{pmatrix} = 5 \begin{pmatrix} 2 \\ 1 \end{pmatrix} = 5x$$

となるから，$\lambda = 5$ は A の固有値，$\boldsymbol{x} = \begin{pmatrix} 2 \\ 1 \end{pmatrix}$ は A の $\lambda = 5$ に関する固有ベクトルである．さらに，同じ行列 A をベクトル $\begin{pmatrix} -4 \\ 1 \end{pmatrix}$ に掛けると

$$\begin{pmatrix} 1 & 8 \\ 1 & 3 \end{pmatrix} \begin{pmatrix} -4 \\ 1 \end{pmatrix} = \begin{pmatrix} 4 \\ -1 \end{pmatrix} = (-1) \begin{pmatrix} -4 \\ 1 \end{pmatrix}$$

という等式が成り立つから，$\lambda = -1$ は A の固有値，ベクトル $\begin{pmatrix} -4 \\ 1 \end{pmatrix}$ は A の $\lambda = -1$ に関する固有ベクトルである．　　　　　　　　　　□

13.2　固有値の求め方

　例 13.2 から想像されるように，1 つの行列 A に対して，固有値はただ 1 つとは限らない．したがって，問題は

　　「n 次行列の固有値はいくつあるのか，また，そのすべてをどうやって
　　求めるか」

ということになる．

　これは次のように解決される．まず定義の等式 (13.1) の左辺を移項すると

$$\lambda \boldsymbol{x} - A\boldsymbol{x} = \boldsymbol{0} \tag{13.2}$$

となって，$\boldsymbol{x}$ をくくり出したくなるが，A は行列，λ は数だからこのままではだめである．しかし，n 次の単位行列 E_n を用いれば

$$\lambda \boldsymbol{x} = \lambda E_n \boldsymbol{x} \qquad (\Leftarrow E_n \boldsymbol{x} = \boldsymbol{x} \; だから)$$

と表されるから，等式 (13.2) は

$$\lambda E_n \boldsymbol{x} - A\boldsymbol{x} = \boldsymbol{0}$$

となり，今度は $\boldsymbol{x}$ をくくり出すことができて，

$$(\lambda E_n - A)\boldsymbol{x} = \boldsymbol{0} \tag{13.3}$$

となる．定義 13.1 において，固有ベクトル $\boldsymbol{x}$ は零ベクトルではないと仮定したから，この式から，行列 $\lambda E_n - A$ が逆行列をもたないことがわかる．（そうでないと，その逆行列を左から掛けて $\boldsymbol{x} = \boldsymbol{0}$ という式がでてしまうからである．）逆に，行列 $\lambda E_n - A$ が逆行列をもたないなら，(13.3) をみたすような零ベクト

90

ルでないベクトル $\boldsymbol{x}$ が必ず存在することは, 第 2 章の連立方程式の解法からわかる. したがって

$$\text{「行列} \lambda E_n - A \text{が逆行列をもたない」} \tag{13.4}$$

ということと

$$\text{「} \lambda \text{が} A \text{の固有値であること」} \tag{13.5}$$

とは同値である. さらに第 8 章の命題 8.1 により, (13.4) は

$$\text{「}\det(\lambda E_n - A) = 0\text{」}$$

であることとも同値であったから, 結局, 次の定理が得られた:

定理 13.2 λ が n 次行列 A の固有値であるための条件は

$$\det(\lambda E_n - A) = 0 \tag{13.6}$$

が成り立つことである.

さらに, この $\det(\lambda E_n - A)$ は λ についての n 次多項式であることから, (13.6) は λ に関する n 次方程式になる. したがってその解は重複度も含めて n 個あり, A の固有値は n 個あることがわかった. この $\det(\lambda E_n - A)$ という n 次式を, A の**固有多項式**, そして (13.6) の方程式を, A の**固有方程式**という.

以上をまとめておこう:

命題 13.3 n 次行列 A の固有値は一般に n 個ある. それは A の固有方程式 $\det(\lambda E_n - A)$ の解として求められる.

では, 上の例 13.2 の行列 $A = \begin{pmatrix} 1 & 8 \\ 1 & 3 \end{pmatrix}$ について, その固有値を求めてみよう.

まず, 固有多項式は

$$\begin{aligned}
\det(\lambda E_2 - A) &= \det \begin{pmatrix} \lambda - 1 & -8 \\ -1 & \lambda - 3 \end{pmatrix} \\
&= (\lambda - 1)(\lambda - 3) - (-8) \cdot (-1) \\
&= \lambda^2 - 4\lambda - 5 \\
&= (\lambda - 5)(\lambda + 1)
\end{aligned}$$

と求められる．したがって固有方程式は，これを "$= 0$" とおいた

$$(\lambda - 5)(\lambda + 1) = 0$$

という 2 次方程式であり，その 2 つの解 $\lambda = 5, -1$ が A の固有値のすべてである．例 13.2 では「5」や「-1」がいったいどこからでてきたのかはわからなかったが，この命題によれば，いつでも固有値を求めることができる．

13.3　固有ベクトルの求め方

では，このようにして求めた固有値に対して，それに関する固有ベクトルはどうやって求めればよいか．それには

「固有値 $\lambda = \lambda_0$ に関する固有ベクトルは (13.3) の λ に λ_0 を代入して
得られる連立方程式を解けばよい」

のである．なぜなら，(13.3) は，固有ベクトルの定義式 (13.1) を移項しただけの同値な条件だからである．

上の例 13.2 の行列でこれを実行してみよう．固有値は $\lambda = 5, -1$ とわかっているから，まず $\lambda = 5$ を (13.3) に代入して

$$\begin{pmatrix} 5-1 & -8 \\ -1 & 5-3 \end{pmatrix} \begin{pmatrix} x \\ y \end{pmatrix} = \begin{pmatrix} 0 \\ 0 \end{pmatrix},$$

すなわち

$$\begin{pmatrix} 4 & -8 \\ -1 & 4 \end{pmatrix} \begin{pmatrix} x \\ y \end{pmatrix} = \begin{pmatrix} 0 \\ 0 \end{pmatrix}$$

という連立方程式を解けばよい．これは第 3 章でみたように

$$\begin{pmatrix} 4 & -8 & \bigm| & 0 \\ -1 & 2 & \bigm| & 0 \end{pmatrix} \xrightarrow{\text{1 行} \times \frac{1}{4}} \begin{pmatrix} 1 & -2 & \bigm| & 0 \\ -1 & 2 & \bigm| & 0 \end{pmatrix}$$

$$\xrightarrow{\text{1 行} \times 1 + 2 \text{行}} \begin{pmatrix} 1 & -2 & \bigm| & 0 \\ 0 & 0 & \bigm| & 0 \end{pmatrix}$$

と基本変形で階段形までもってゆけば，一般解は，α をパラメータとして

$$\begin{cases} x = 2\alpha \\ y = \alpha \end{cases}$$

となる．これをベクトルで表して

$$\left(\begin{array}{c} x \\ y \end{array}\right) = \alpha \left(\begin{array}{c} 2 \\ 1 \end{array}\right) \qquad (\alpha \neq 0)$$

としたものが固有ベクトルである．ただし，固有ベクトルは零ベクトルではない，という条件があったから「$\alpha \neq 0$」という条件が付くことに注意しよう．

同様にして，$\lambda = -1$ のときもやってみると，解くべき方程式は

$$\left(\begin{array}{cc} -1-1 & -8 \\ -1 & -1-3 \end{array}\right)\left(\begin{array}{c} x \\ y \end{array}\right) = \left(\begin{array}{c} 0 \\ 0 \end{array}\right),$$

すなわち

$$\left(\begin{array}{cc} -2 & -8 \\ -1 & -4 \end{array}\right)\left(\begin{array}{c} x \\ y \end{array}\right) = \left(\begin{array}{c} 0 \\ 0 \end{array}\right)$$

で，これも基本変形で解けば，一般解は，β をパラメータとして

$$\left\{\begin{array}{l} x = -4\beta \\ y = \beta \end{array}\right.$$

となり，固有ベクトルは

$$\left(\begin{array}{c} x \\ y \end{array}\right) = \beta \left(\begin{array}{c} -4 \\ 1 \end{array}\right) \qquad (\beta \neq 0)$$

となる．

行列のサイズが大きくなっても，求め方は原理的には次のようにまったく同じである：

定石 13.4 [n 次行列 A の固有値・固有ベクトルの求め方]

1) A の固有値は，A の固有方程式

$$\det(\lambda E_n - A) = 0$$

の解である．

2) A の固有ベクトルは，1) で求めた固有値それぞれの値を

$$(\lambda E_n - A)\boldsymbol{x} = \boldsymbol{0}$$

の λ のところに代入してできる連立方程式の一般解として求められる．

第13章の練習問題

1. 次の行列の固有値・固有ベクトルを求めよ.

(1) $\begin{pmatrix} 1 & 8 \\ 2 & 1 \end{pmatrix}$ (2) $\begin{pmatrix} 3 & 4 \\ 2 & 1 \end{pmatrix}$

(3) $\begin{pmatrix} 1 & 1 & 0 \\ 1 & 0 & 1 \\ 0 & 1 & 1 \end{pmatrix}$ (4) $\begin{pmatrix} 0 & 1 & 0 \\ 0 & 0 & 1 \\ 2 & 1 & -2 \end{pmatrix}$

2. 行列 $A = \begin{pmatrix} a & b \\ c & d \end{pmatrix}$ は,固有値 $\lambda = 2$ に関する固有ベクトル $\begin{pmatrix} 2 \\ 1 \end{pmatrix}$ をもち,さらに固有値 $\lambda = -5$ に関する固有ベクトル $\begin{pmatrix} 1 \\ -3 \end{pmatrix}$ をもつという.そのような行列 A を求めよ.

$14.$ 行列の対角化・ベキ乗

本章では，前章で解説した「固有値」と「固有ベクトル」を用いて，与えられた行列 A に対して，A^2, A^3 のような「A のベキ乗」を求める方法を述べる．その際，「行列の対角化」が基本的な手段となる．

14.1　対角行列とベキ乗

たとえば，前章の例 13.2 の行列 $A = \begin{pmatrix} 1 & 8 \\ 1 & 3 \end{pmatrix}$ について，そのベキ乗を求めてみると

$$A^2 = \begin{pmatrix} 1 & 8 \\ 1 & 3 \end{pmatrix} \begin{pmatrix} 1 & 8 \\ 1 & 3 \end{pmatrix} = \begin{pmatrix} 9 & 32 \\ 4 & 17 \end{pmatrix},$$

$$A^3 = A^2 \cdot A = \begin{pmatrix} 9 & 32 \\ 4 & 17 \end{pmatrix} \begin{pmatrix} 1 & 8 \\ 1 & 3 \end{pmatrix} = \begin{pmatrix} 41 & 168 \\ 21 & 83 \end{pmatrix}$$

というように，A^k $(k = 1, 2, 3, \cdots)$ が一般にどういう形になるのかはとても想像できない．しかし，もし行列 $B = \begin{pmatrix} 5 & 0 \\ 0 & -1 \end{pmatrix}$ のベキ乗なら，

$$B^2 = \begin{pmatrix} 5 & 0 \\ 0 & -1 \end{pmatrix} \begin{pmatrix} 5 & 0 \\ 0 & -1 \end{pmatrix} = \begin{pmatrix} 5^2 & 0 \\ 0 & (-1)^2 \end{pmatrix} = \begin{pmatrix} 25 & 0 \\ 0 & 1 \end{pmatrix},$$

$$B^3 = \begin{pmatrix} 5^2 & 0 \\ 0 & (-1)^2 \end{pmatrix} \begin{pmatrix} 5 & 0 \\ 0 & -1 \end{pmatrix} = \begin{pmatrix} 5^3 & 0 \\ 0 & (-1)^3 \end{pmatrix} = \begin{pmatrix} 125 & 0 \\ 0 & -1 \end{pmatrix}$$

というようになっているから，一般に

$$B^k = \begin{pmatrix} 5^k & 0 \\ 0 & (-1)^k \end{pmatrix} \quad (k = 1, 2, 3, \cdots) \tag{14.1}$$

が成り立つ，ということがすぐわかる．

この行列 B のベキ乗が簡単な理由は

「B が対角行列である」

からである．ここで，この「対角行列」を一般に定義しておこう：

定義 14.1 n 次行列 A が

$$A = \begin{pmatrix} a_{11} & 0 & 0 & \cdots & 0 \\ 0 & a_{22} & 0 & \cdots & 0 \\ 0 & 0 & a_{33} & \cdots & 0 \\ \vdots & \vdots & \vdots & \ddots & \vdots \\ 0 & 0 & 0 & \cdots & a_{nn} \end{pmatrix}$$

のように, (i,i) 成分 $(1 \le i \le n)$ 以外の成分がすべて 0 という形のとき, 「A は**対角行列**である」という.

したがって, 上の行列 B は確かに 2 次の対角行列である.

なお, 一般に, 対角行列のベキ乗について

$$\begin{pmatrix} a_{11} & 0 & \cdots & 0 \\ 0 & a_{22} & \cdots & 0 \\ \vdots & \vdots & \ddots & \vdots \\ 0 & 0 & \cdots & a_{nn} \end{pmatrix}^k = \begin{pmatrix} a_{11}{}^k & 0 & \cdots & 0 \\ 0 & a_{22}{}^k & \cdots & 0 \\ \vdots & \vdots & \ddots & \vdots \\ 0 & 0 & \cdots & a_{nn}{}^k \end{pmatrix} \tag{14.2}$$

が成り立つ.

14.2 行列の対角化

前節でみたように, 一般の行列のベキ乗は簡単ではないが, 対角行列なら (14.1) のように簡単である. この状況をふまえると, 与えられた行列を何らかの方法で対角行列と関連づけられればベキ乗が求められるのではないか, という発想で「行列の対角化」を利用する方法を説明するのが本節の目標である. しかも対角化の手法は, ベキ乗を求めるのに使われるだけでなく, 次章以降で解説する「連立線形微分方程式」,「漸化式」など, 線形代数全般にわたって本質的な役割を果たす.

n 次行列 A の固有値が $\lambda_1, \lambda_2, \cdots, \lambda_n$, それぞれに関する固有ベクトルが $\boldsymbol{p}_1, \boldsymbol{p}_2, \cdots, \boldsymbol{p}_n$ であるとき

$$\begin{cases} A\boldsymbol{p}_1 = \lambda_1 \boldsymbol{p}_1 \\ A\boldsymbol{p}_2 = \lambda_2 \boldsymbol{p}_2 \\ \quad \cdots\cdots \\ A\boldsymbol{p}_n = \lambda_n \boldsymbol{p}_n \end{cases}$$

という n 個の等式が成り立っている．これらはまとめて

$$A(\boldsymbol{p}_1\ \boldsymbol{p}_2\ \cdots\ \boldsymbol{p}_n) = (\lambda_1\boldsymbol{p}_1\ \lambda_2\boldsymbol{p}_2\ \cdots\ \lambda_n\boldsymbol{p}_n) \qquad (14.3)$$

と表すこともできる．ここで左辺の「$(\boldsymbol{p}_1\ \boldsymbol{p}_2\ \cdots\ \boldsymbol{p}_n)$」は，列ベクトル $\boldsymbol{p}_1, \boldsymbol{p}_2,$ $\cdots, \boldsymbol{p}_n$ を順に第 1 列から第 n 列まで並べてできる n 次行列を表しており，同様に右辺の「$(\lambda_1\boldsymbol{p}_1\ \lambda_2\boldsymbol{p}_2\ \cdots\ \lambda_n\boldsymbol{p}_n)$」は，列ベクトル $\lambda_1\boldsymbol{p}_1, \lambda_2\boldsymbol{p}_2, \cdots, \lambda_n\boldsymbol{p}_n$ を順に第 1 列から第 n 列まで並べてできる n 次行列を表している．後者のほうの行列は列基本変形の章で述べたように

$$(\lambda_1\boldsymbol{p}_1\ \lambda_2\boldsymbol{p}_2\ \cdots\ \lambda_n\boldsymbol{p}_n) = (\boldsymbol{p}_1\ \boldsymbol{p}_2\ \cdots\ \boldsymbol{p}_n)\begin{pmatrix} \lambda_1 & 0 & 0 & \cdots & 0 \\ 0 & \lambda_2 & 0 & \cdots & 0 \\ 0 & 0 & \lambda_3 & \cdots & 0 \\ \vdots & \vdots & \vdots & \ddots & \vdots \\ 0 & 0 & 0 & \cdots & \lambda_n \end{pmatrix}$$

$$(14.4)$$

と表される．そこで

$$P = (\boldsymbol{p}_1\ \boldsymbol{p}_2\ \cdots\ \boldsymbol{p}_n),$$

$$B = \begin{pmatrix} \lambda_1 & 0 & 0 & \cdots & 0 \\ 0 & \lambda_2 & 0 & \cdots & 0 \\ 0 & 0 & \lambda_3 & \cdots & 0 \\ \vdots & \vdots & \vdots & \ddots & \vdots \\ 0 & 0 & 0 & \cdots & \lambda_n \end{pmatrix}$$

とおくと，(14.3) と (14.4) より

$$AP = PB$$

という等式が得られる．この両辺に左から P^{-1} を掛けると等式

$$P^{-1}AP = B$$

となる．

　ここが重要なところなのでまとめておく．：

定理 14.2　n 次行列 A の固有値を $\lambda_1, \lambda_2, \cdots, \lambda_n$，それぞれに関する固有ベクトルを $\boldsymbol{p}_1, \boldsymbol{p}_2, \cdots, \boldsymbol{p}_n$ とし

$$P = (\boldsymbol{p}_1\ \boldsymbol{p}_2\ \cdots\ \boldsymbol{p}_n),$$

$$B = \begin{pmatrix} \lambda_1 & 0 & 0 & \cdots & 0 \\ 0 & \lambda_2 & 0 & \cdots & 0 \\ 0 & 0 & \lambda_3 & \cdots & 0 \\ \vdots & \vdots & \vdots & \ddots & \vdots \\ 0 & 0 & 0 & \cdots & \lambda_n \end{pmatrix}$$

とおく．このとき等式

$$P^{-1}AP = B \tag{14.5}$$

が成り立つ．

この等式 (14.5) の右辺の行列 B は対角行列であることから，これを「行列 A の**対角化**」とよぶ．また，この行列 P を「A の**対角化の行列**」とよぶ．

14.3　行列のベキ乗

先ほどの (14.5) の左辺に現れている行列の 2 乗を計算してみると

$$
\begin{aligned}
(P^{-1}AP)(P^{-1}AP) &= P^{-1}A(PP^{-1})AP &&(\Leftarrow \text{積の結合法則}) \\
&= P^{-1}AE_nAP &&(\Leftarrow \text{逆行列の定義}) \\
&= P^{-1}AAP &&(\Leftarrow \text{単位行列の性質}) \\
&= P^{-1}A^2P
\end{aligned}
$$

という結果になる．同様にして k 乗は

$$(P^{-1}AP)^k = P^{-1}A^kP \tag{14.6}$$

と表されることもわかる．この左辺の中身の行列 $P^{-1}AP$ は，(14.4) によって対角行列 B に等しかった．そして対角行列の k 乗は，(14.2) のようにその対角成分をそれぞれ k 乗すれば求められるのであった．したがって (14.6) の左辺は

$$(P^{-1}AP)^k = \begin{pmatrix} \lambda_1^k & 0 & 0 & \cdots & 0 \\ 0 & \lambda_2^k & 0 & \cdots & 0 \\ 0 & 0 & \lambda_3^k & \cdots & 0 \\ \vdots & \vdots & \vdots & \ddots & \vdots \\ 0 & 0 & 0 & \cdots & \lambda_n^k \end{pmatrix}$$

となり，(14.6) の右辺がこれと等しい：

$$P^{-1}A^kP = \begin{pmatrix} \lambda_1^k & 0 & 0 & \cdots & 0 \\ 0 & \lambda_2^k & 0 & \cdots & 0 \\ 0 & 0 & \lambda_3^k & \cdots & 0 \\ \vdots & \vdots & \vdots & \ddots & \vdots \\ 0 & 0 & 0 & \cdots & \lambda_n^k \end{pmatrix} \tag{14.7}$$

さらに，この両辺に左から P，右から P^{-1} を掛けることで次の行列のベキ乗の公式が得られる：

命題 14.3 n 次行列 A の固有値を $\lambda_1, \lambda_2, \cdots, \lambda_n$，$A$ の対角化の行列を P とすると，A の k 乗は

$$A^k = P \begin{pmatrix} \lambda_1^k & 0 & 0 & \cdots & 0 \\ 0 & \lambda_2^k & 0 & \cdots & 0 \\ 0 & 0 & \lambda_3^k & \cdots & 0 \\ \vdots & \vdots & \vdots & \ddots & \vdots \\ 0 & 0 & 0 & \cdots & \lambda_n^k \end{pmatrix} P^{-1} \tag{14.8}$$

と表される.

この命題を用いて，本章の最初にあげた行列のベキ乗を計算してみよう.

例題 14.1 行列 $A = \begin{pmatrix} 1 & 8 \\ 1 & 3 \end{pmatrix}$ の k 乗を求めよ.

[**解**] この例題に限らず，次のステップで計算していけばよい：

(1) 行列 A の固有値を求める.

(2) それぞれの固有値に関する固有ベクトルを求める.

(3) 固有ベクトルを並べて対角化の行列 P をつくる.

(4) 命題 14.3 の等式 (14.8) の右辺を実際に計算する.

まず，ステップ (1) を実行する．A の固有値はその固有方程式を解くと

$$\begin{aligned} \det(\lambda E_2 - A) &= \det \begin{pmatrix} \lambda - 1 & -8 \\ -1 & \lambda - 3 \end{pmatrix} \\ &= (\lambda - 1)(\lambda - 3) - (-8) \cdot (-1) \\ &= \lambda^2 - 4\lambda - 5 \\ &= (\lambda - 5)(\lambda + 1) = 0 \end{aligned}$$

より，$\lambda = 5, -1$ である．

(2–1) $\lambda = 5$ に関する固有ベクトルは，固有値を求める行列の λ に $\lambda = 5$ を代入してできる連立方程式

$$\begin{pmatrix} 5-1 & -8 \\ -1 & 5-3 \end{pmatrix} \begin{pmatrix} x \\ y \end{pmatrix} = \begin{pmatrix} 0 \\ 0 \end{pmatrix},$$

すなわち

$$\begin{pmatrix} 4 & -8 \\ -1 & 4 \end{pmatrix} \begin{pmatrix} x \\ y \end{pmatrix} = \begin{pmatrix} 0 \\ 0 \end{pmatrix}$$

を解いて

$$\begin{pmatrix} x \\ y \end{pmatrix} = \alpha \begin{pmatrix} 2 \\ 1 \end{pmatrix} \quad (\alpha \neq 0)$$

となる．

(2–2) $\lambda = -1$ に関する固有ベクトルは，固有値を求める行列の λ に $\lambda = -1$ を代入してできる連立方程式

$$\begin{pmatrix} -1-1 & -8 \\ -1 & -1-3 \end{pmatrix} \begin{pmatrix} x \\ y \end{pmatrix} = \begin{pmatrix} 0 \\ 0 \end{pmatrix},$$

すなわち

$$\begin{pmatrix} -2 & -8 \\ -1 & -4 \end{pmatrix} \begin{pmatrix} x \\ y \end{pmatrix} = \begin{pmatrix} 0 \\ 0 \end{pmatrix}$$

を解いて

$$\begin{pmatrix} x \\ y \end{pmatrix} = \beta \begin{pmatrix} -4 \\ 1 \end{pmatrix} \quad (\beta \neq 0)$$

となる．

(3) (2–1) と (2–2) で求めた固有ベクトルを並べた行列

$$P = \begin{pmatrix} 2 & -4 \\ 1 & 1 \end{pmatrix}$$

が A の対角化の行列である．

(4) したがって等式 (14.8) より

$$A^k = \begin{pmatrix} 1 & 8 \\ 1 & 3 \end{pmatrix}^k = P \begin{pmatrix} 5 & 0 \\ 0 & -1 \end{pmatrix}^k P^{-1}$$

$$= \begin{pmatrix} 2 & -4 \\ 1 & 1 \end{pmatrix} \begin{pmatrix} 5^k & 0 \\ 0 & (-1)^k \end{pmatrix} \begin{pmatrix} 2 & -4 \\ 1 & 1 \end{pmatrix}^{-1}$$

$$= \begin{pmatrix} 2 & -4 \\ 1 & 1 \end{pmatrix} \begin{pmatrix} 5^k & 0 \\ 0 & (-1)^k \end{pmatrix} \cdot \frac{1}{6} \begin{pmatrix} 1 & 4 \\ -1 & 2 \end{pmatrix}$$

$$= \frac{1}{6} \begin{pmatrix} 2 \cdot 5^k & (-4) \cdot (-1)^k \\ 5^k & (-1)^k \end{pmatrix} \begin{pmatrix} 1 & 4 \\ -1 & 2 \end{pmatrix}$$

$$= \frac{1}{6} \begin{pmatrix} 2 \cdot 5^k + 4 \cdot (-1)^k & 8 \cdot 5^k + (-8) \cdot (-1)^k \\ 5^k - (-1)^k & 4 \cdot 5^k + 2 \cdot (-1)^k \end{pmatrix}$$

となって，A^k が求められた． $\square$

第 14 章の練習問題

1. 次の行列の k 乗を求めよ．

(1) $\begin{pmatrix} 1 & 3 \\ 4 & 2 \end{pmatrix}$ 　　(2) $\begin{pmatrix} 0 & 1 \\ 1 & 0 \end{pmatrix}$ 　　(3) $\begin{pmatrix} 2 & 1 & 0 \\ 0 & 2 & 1 \\ 0 & 1 & 2 \end{pmatrix}$

2. 次の等式が成り立つような正の整数 a, k を求めよ．

$$\begin{pmatrix} 1 & a \\ a & 1 \end{pmatrix}^k = \begin{pmatrix} 365 & 364 \\ 364 & 365 \end{pmatrix}$$

$15.$ 連立線形微分方程式

本章では,「連立線形微分方程式」を固有値, 固有ベクトルを用いて解く方法を解説する.

15.1 連立線形微分方程式の行列表示

連立線形微分方程式とは, x の関数 y_1, y_2 に対し

$$\begin{cases} y_1' = \ y_1 + 2y_2 \\ y_2' = 4y_1 + 3y_2 \end{cases} \tag{15.1}$$

のように, y_1 と y_2 の x に関する微分 y_1', y_2' がともに y_1 と y_2 の 1 次結合で表されるような関係式のことである. だから, もし

$$\begin{pmatrix} y_1' \\ y_2' \end{pmatrix} \ \text{のことを} \ \begin{pmatrix} y_1 \\ y_2 \end{pmatrix}'$$

と書くことにすれば, (15.1) は行列を用いて

$$\begin{pmatrix} y_1 \\ y_2 \end{pmatrix}' = \begin{pmatrix} 1 & 2 \\ 4 & 3 \end{pmatrix} \begin{pmatrix} y_1 \\ y_2 \end{pmatrix}$$

と簡潔に表すことができる. この右辺に現れる行列

$$\begin{pmatrix} 1 & 2 \\ 4 & 3 \end{pmatrix}$$

を, 方程式 (15.1) の「**係数行列**」という.

本章の目標はこれを一般化して, 係数行列が n 次行列 A の場合に

$$\begin{pmatrix} y_1 \\ y_2 \\ \vdots \\ y_n \end{pmatrix}' = A \begin{pmatrix} y_1 \\ y_2 \\ \vdots \\ y_n \end{pmatrix} \tag{15.2}$$

をみたすような n 個の関数 $y_1, y_2, \cdots, y_n$ を求めることである.

15.2 係数行列が対角行列の場合

まず，係数行列が対角行列の場合から考えていこう．

例 15.1 係数行列が $A = \begin{pmatrix} 5 & 0 \\ 0 & -1 \end{pmatrix}$ という対角行列の場合：　対応する微分方程式は

$$\begin{cases} y_1' = 5y_1 \\ y_2' = -y_2 \end{cases}$$

であり，その解は，定数 α_1, α_2 を用いて

$$\begin{cases} y_1 = \alpha_1 e^{5x} \\ y_2 = \alpha_2 e^{-x} \end{cases}$$

と表されることがすぐわかる．

したがって，一般の場合も係数行列 A が

$$A = \begin{pmatrix} \lambda_1 & 0 & \cdots & 0 \\ 0 & \lambda_2 & \cdots & 0 \\ \vdots & \vdots & \ddots & \vdots \\ 0 & 0 & \cdots & \lambda_n \end{pmatrix}$$

という対角行列なら，連立微分方程式 (15.2) の解が，定数 $\alpha_1, \alpha_2, \cdots, \alpha_n$ を用いて

$$\begin{cases} y_1 = \alpha_1 e^{\lambda_1 x} \\ y_2 = \alpha_2 e^{\lambda_2 x} \\ \quad\cdots\cdots \\ y_n = \alpha_n e^{\lambda_n x} \end{cases} \tag{15.3}$$

と表されることがわかる．　　　　　　　　　　　　　　　　　　　□

このように，係数行列が対角行列のときは微分方程式の解がすぐみつかるから，前章でやった行列の対角化と関連づけることができれば一般の場合も解けるであろう，というアイディアを用いる．そこで係数行列 A の対角化の行列を P とし，

$$\begin{pmatrix} z_1 \\ z_2 \\ \vdots \\ z_n \end{pmatrix} = P^{-1} \begin{pmatrix} y_1 \\ y_2 \\ \vdots \\ y_n \end{pmatrix}$$

という変換によって，新たな関数を導入しておく．これを逆に解くと

$$
\begin{pmatrix} y_1 \\ y_2 \\ \vdots \\ y_n \end{pmatrix} = P \begin{pmatrix} z_1 \\ z_2 \\ \vdots \\ z_n \end{pmatrix} \tag{15.4}
$$

という式が得られ，さらに P は定数の行列だから，この両辺を微分すれば

$$
\begin{pmatrix} y_1 \\ y_2 \\ \vdots \\ y_n \end{pmatrix}' = P \begin{pmatrix} z_1 \\ z_2 \\ \vdots \\ z_n \end{pmatrix}' \tag{15.5}
$$

という式も得られる．そこで与えられた微分方程式 (15.2) に，(15.4) と (15.5) を代入すると

$$
P \begin{pmatrix} z_1 \\ z_2 \\ \vdots \\ z_n \end{pmatrix}' = AP \begin{pmatrix} z_1 \\ z_2 \\ \vdots \\ z_n \end{pmatrix}
$$

となり，この両辺に左から P^{-1} を掛ければ

$$
\begin{pmatrix} z_1 \\ z_2 \\ \vdots \\ z_n \end{pmatrix}' = P^{-1}AP \begin{pmatrix} z_1 \\ z_2 \\ \vdots \\ z_n \end{pmatrix}
$$

という関数 $z_1, z_2, \cdots, z_n$ に関する微分方程式が得られる．ところがここに現れる $P^{-1}AP$ は，定理 14.2 によって A の固有値 $\lambda_1, \lambda_2, \cdots, \lambda_n$ が並んだ対角行列であり，この場合の解はすでに (15.3) で求めてあり，次のようになる：

$$
\begin{pmatrix} z_1 \\ z_2 \\ \vdots \\ z_n \end{pmatrix} = \begin{pmatrix} \alpha_1 e^{\lambda_1 x} \\ \alpha_2 e^{\lambda_2 x} \\ \vdots \\ \alpha_n e^{\lambda_n x} \end{pmatrix}
$$

したがって，これを変換式 (15.4) に代入すればもとの微分方程式の一般解が得られるのである．

　ここまでを定理としてまとめておこう：

定理 15.1 連立線形微分方程式

$$\begin{pmatrix} y_1 \\ y_2 \\ \vdots \\ y_n \end{pmatrix}' = A \begin{pmatrix} y_1 \\ y_2 \\ \vdots \\ y_n \end{pmatrix}$$

の一般解は次のようにして求められる：

(1) A の固有値 $\lambda_1, \lambda_2, \cdots, \lambda_n$, および, それぞれに関する固有ベクトル $\boldsymbol{p}_1, \boldsymbol{p}_1, \cdots, \boldsymbol{p}_n$ を求めて, $P = (\boldsymbol{p}_1 \ \boldsymbol{p}_2 \ \cdots \ \boldsymbol{p}_n)$ とおく.

(2) この n 個の固有値がすべて異なるとき, 一般解は

$$\begin{pmatrix} y_1 \\ y_2 \\ \vdots \\ y_n \end{pmatrix} = P \begin{pmatrix} \alpha_1 e^{\lambda_1 x} \\ \alpha_2 e^{\lambda_2 x} \\ \vdots \\ \alpha_n e^{\lambda_n x} \end{pmatrix}$$

で与えられる.

15.3 初期値問題とその解法

前節で得られた解法を具体的な問題に応用してみよう. 実際には, 微分方程式は「**初期値問題**」($\Leftarrow$ 関数の $x = 0$ での値が指定された問題) の形で与えられることが多いので, その例題を解いてみよう.

例題 15.1 連立微分方程式

$$\begin{cases} y_1' = \ \ y_1 + 2y_2 \\ y_2' = 4y_1 + 3y_2 \end{cases}$$

の解であって, $x = 0$ のとき

$$y_1 = 2, \quad y_2 = 1$$

となるものを求めよ.

[解] 係数行列は $A = \begin{pmatrix} 1 & 2 \\ 4 & 3 \end{pmatrix}$ であり, まずその固有値を求めると

$$\det(\lambda E_2 - A) = \det \begin{pmatrix} \lambda - 1 & -2 \\ -4 & \lambda - 3 \end{pmatrix}$$

$$= \lambda^2 - 4\lambda - 5$$

$$= (\lambda - 5)(\lambda + 1) = 0$$

より，固有値は $\lambda = 5, -1$ である．

それぞれに関する固有ベクトルは，$\lambda = 5$ のとき

$$\begin{pmatrix} 4 & -2 \\ -4 & 2 \end{pmatrix} \begin{pmatrix} x \\ y \end{pmatrix} = \begin{pmatrix} 0 \\ 0 \end{pmatrix} \ \text{より，} \ \begin{pmatrix} x \\ y \end{pmatrix} = \alpha \begin{pmatrix} 1 \\ 2 \end{pmatrix} \ (\alpha \neq 0),$$

$\lambda = -1$ のとき

$$\begin{pmatrix} -2 & -2 \\ -4 & -4 \end{pmatrix} \begin{pmatrix} x \\ y \end{pmatrix} = \begin{pmatrix} 0 \\ 0 \end{pmatrix} \ \text{より，} \ \begin{pmatrix} x \\ y \end{pmatrix} = \beta \begin{pmatrix} -1 \\ 1 \end{pmatrix} \ (\beta \neq 0)$$

であるから，これらを並べて A の対角化の行列が

$$P = \begin{pmatrix} 1 & -1 \\ 2 & 1 \end{pmatrix}$$

となる．したがって一般解は

$$\begin{pmatrix} y_1 \\ y_2 \end{pmatrix} = \begin{pmatrix} 1 & -1 \\ 2 & 1 \end{pmatrix} \begin{pmatrix} \alpha_1 e^{5x} \\ \alpha_2 e^{-x} \end{pmatrix}$$

$$= \begin{pmatrix} \alpha_1 e^{5x} - \alpha_2 e^{-x} \\ 2\alpha_1 e^{5x} + \alpha_2 e^{-x} \end{pmatrix} \quad (\alpha_1, \alpha_2 \ \text{は定数})$$

である．あとは与えられた初期値になるように，$x = 0$ を代入してできる方程式

$$\begin{pmatrix} \alpha_1 - \alpha_2 \\ 2\alpha_1 + \alpha_2 \end{pmatrix} = \begin{pmatrix} 2 \\ 1 \end{pmatrix}$$

を解くと

$$\begin{cases} \alpha_1 = 1 \\ \alpha_2 = -1 \end{cases}$$

であるから，これらを一般解に代入して

$$\begin{cases} y_1 = e^{5x} + e^{-x} \\ y_2 = 2e^{5x} - e^{-x} \end{cases}$$

という解が得られる． $\square$

第 15 章の練習問題

1. 次の連立微分方程式を解け.

(1) $\begin{cases} y_1' = y_1 + 2y_2 \\ y_2' = 2y_1 + y_2 \end{cases}$ (2) $\begin{cases} y_1' = 2y_1 + 3y_2 \\ y_2' = 4y_1 + 3y_2 \end{cases}$

(3) $\begin{cases} y_1' = 2y_1 - y_2 - y_3 \\ y_2' = -2y_1 + y_2 - y_3 \\ y_3' = -y_1 - y_2 + y_3 \end{cases}$

2. 問題 1 の微分方程式において,次の初期値問題を解け.

(1) $x = 0$ のとき,$y_1 = 5,\ y_2 = -1$.

(2) $x = 0$ のとき,$y_1 = -5,\ y_2 = -9$.

(3) $x = 0$ のとき,$y_1 = 1,\ y_2 = 12,\ y_3 = 11$.

3. x の関数 y に関する 2 階の微分方程式 $y'' + ay' + by = 0$ は,$y_1 = y,\ y_2 = y'$ とおくことによって,

$$\begin{pmatrix} y_1 \\ y_2 \end{pmatrix}' = \begin{pmatrix} 0 & 1 \\ -b & -a \end{pmatrix} \begin{pmatrix} y_1 \\ y_2 \end{pmatrix}$$

という連立微分方程式に書き直せることを証明せよ.

4. 問題 3 を利用して,次の微分方程式を解け.

(1) $y'' + y' - 6y = 0,\quad y(0) = 5,\ y'(0) = 5$.

(2) $y'' - 2y' - 15y = 0,\quad y(0) = 3,\ y'(0) = -1$.

$16.$ 漸化式

　本章では，漸化式で定義される数列の一般項が，固有値，固有ベクトルを用いると，簡単に，しかも統一的に求められる，ということを解説する.

16.1　数列とは

　高校では数列を第 1 項から始めるが，本章では

$$a_0,\ a_1,\ a_2,\ \cdots$$

というように，第 0 項 a_0 を**初項**とする. その理由は

　　　　「一般項を表す公式が自然で覚えやすいものになる」

ことである. たとえば，「初項が a，公差が d の**等差数列**の第 n 項」は

$$a_n = a + nd,$$

「初項 a，公比 r の**等比数列**の第 n 項」は

$$a_n = ar^n$$

という形になる.

　どちらも一般項が n の式で表されているが，いくつかの項の間の関係式だけから一般項を導くことが必要な場合がある. その代表的な問題として，「漸化式で定義された数列」の一般項の求め方をみていきたい.

　定義 16.1　数列 $\{a_n\}$ $(n = 0, 1, 2, \cdots)$ が，定数 c, d について

$$a_{n+2} + ca_{n+1} + da_n = 0 \quad (n = 0, 1, 2, \cdots) \qquad (16.1)$$

　という関係式をみたしているとき，この数列は，**漸化式** (16.1) によって定義されている，という.

16.2　漸化式の行列表示

　ここから，漸化式で定義された数列の一般項を，行列とその固有値を用いて求める方法を説明していこう. 基本となるアイディアは

「数列の各項とその次の項をペアにして列ベクトルをつくり，
漸化式を行列で表す」

というものである．具体的にいうと，

$$\begin{pmatrix} a_{n+1} \\ a_{n+2} \end{pmatrix} = M \begin{pmatrix} a_n \\ a_{n+1} \end{pmatrix} \tag{16.2}$$

という関係式が，すべての n に対して成り立つような行列 M をみつけて，数列の性質を行列 M の性質と関連づける，という考え方である．

そのためには

$$M = \begin{pmatrix} 0 & 1 \\ -d & -c \end{pmatrix}$$

とすればよい．なぜなら (16.2) の右辺を計算すると

$$\begin{pmatrix} 0 & 1 \\ -d & -c \end{pmatrix} \begin{pmatrix} a_n \\ a_{n+1} \end{pmatrix} = \begin{pmatrix} a_{n+1} \\ -da_n - ca_{n+1} \end{pmatrix}$$

となるが，漸化式 (16.1) より $a_{n+2} = -da_n - ca_{n+1}$ という等式が成り立ち，(16.2) の左辺と一致するからである．

ここまででわかったことをまとめておこう：

命題 16.2　漸化式

$$a_{n+2} + ca_{n+1} + da_n = 0 \quad (n = 0, 1, 2, \cdots)$$

で定義される数列 $\{a_n\}$ に対し，行列 M を

$$M = \begin{pmatrix} 0 & 1 \\ -d & -c \end{pmatrix}$$

と定めると，0 以上の任意の整数 n について，

$$\begin{pmatrix} a_{n+1} \\ a_{n+2} \end{pmatrix} = M \begin{pmatrix} a_n \\ a_{n+1} \end{pmatrix}$$

が成り立つ．したがって等式

$$\begin{pmatrix} a_n \\ a_{n+1} \end{pmatrix} = M^n \begin{pmatrix} a_0 \\ a_1 \end{pmatrix} \quad (n = 0, 1, 2, \cdots) \tag{16.3}$$

が得られる．

　この命題から, (16.3) の右辺が求められれば一般項 a_n がわかるから, 問題は行列 M の n 乗を求めることに帰着される.

16.3　行列 M の固有値

　第 14 章でみたように, M^n を求めるためには, M の固有値と固有ベクトルがわかればよい. そこで固有多項式を求めてみると

$$
\det(\lambda E_2 - M) = \det \begin{pmatrix} \lambda & -1 \\ d & \lambda + c \end{pmatrix}
$$
$$
= \lambda(\lambda + c) + d
$$
$$
= \lambda^2 + c\lambda + d
$$

となるが, この 2 次式は, 驚くべきことに, もとの漸化式

$$
a_{n+2} + ca_{n+1} + da_n = 0
$$

の左辺の係数「$1, c, d$」をそのまま用いた式になっている. さらに, 固有値を λ_1, λ_2 とすると, 第 14 章で述べたように, M の対角化の行列 P を用いて

$$
M^n = P \begin{pmatrix} \lambda_1^n & 0 \\ 0 & \lambda_2^n \end{pmatrix} P^{-1}
$$

と表されるのであったから, 等式 (16.3) から, 定数 α, β を用いて

$$
a_n = \alpha\lambda_1^n + \beta\lambda_2^n \quad (n = 0, 1, 2, \cdots)
$$

と表されることもわかった.

　ここまでをまとめておこう:

命題 16.3　漸化式
$$
a_{n+2} + ca_{n+1} + da_n = 0 \quad (n = 0, 1, 2, \cdots)
$$
で定義される数列 $\{a_n\}$ の一般項は, 2 次方程式
$$
\lambda^2 + c\lambda + d = 0
$$
の 2 つの解を λ_1, λ_2 とすると
$$
a_n = \alpha\lambda_1^n + \beta\lambda_2^n
$$
と表される. ただし, α, β は定数である.

16.4　初期値問題

数列 $\{a_n\}$ が漸化式で定義されており，さらに，その最初の 2 つの項

$$a_0, \quad a_1$$

も与えられているときに，その一般項を求める問題，すなわち「初期値問題」の解法をみていこう．これは，

(1) 前節の方法で一般項を α, β を用いて表す．

(2) 一般項に $n = 0, 1$ を代入して与えられた a_0, a_1 になるように α, β を決める．

という 2 ステップでやればよい．

　具体例を実際に解いてみよう．

例題 16.1　漸化式

$$a_{n+2} - 5a_{n+1} + 6a_n = 0 \quad (n = 0, 1, 2, \cdots)$$

で定義される数列 $\{a_n\}$ において，

$$a_0 = 3, \quad a_1 = 7$$

であるとき，一般項を求めよ．

[解]　漸化式の係数をそのまま用いた 2 次方程式

$$\lambda^2 - 5\lambda + 6 = 0$$

を解くと

$$\lambda^2 - 5\lambda + 6 = (\lambda - 2)(\lambda - 3) = 0$$

より，$\lambda = 2, 3$ である．したがって，α, β を定数として

$$a_n = \alpha \cdot 2^n + \beta \cdot 3^n \quad (n = 0, 1, 2, \cdots)$$

と表される．ここで $n = 0, 1$ とおいて得られる連立方程式

$$\begin{cases} \alpha + \beta = 3 \\ 2\alpha + 3\beta = 7 \end{cases}$$

を解くと

$$\alpha = 2, \quad \beta = 1$$

であるから，一般項は

$$a_n = 2 \cdot 2^n + 1 \cdot 3^n = 2^{n+1} + 3^n$$

である． □

16.5　4 項間漸化式への一般化

前節の漸化式は

$$a_{n+2} + ca_{n+1} + da_n = 0 \quad (n = 0, 1, 2, \cdots)$$

というように，左辺が

$$a_n, \quad a_{n+1}, \quad a_{n+2}$$

という数列の連続した 3 項の間の関係式であった．したがって「**3 項間漸化式**」とよばれている．本節では，その自然な一般化として

$$a_{n+3} + ca_{n+2} + da_{n+1} + ea_n = 0 \quad (n = 0, 1, 2, \cdots)$$

というように，左辺が

$$a_n, \quad a_{n+1}, \quad a_{n+2}, \quad a_{n+3}$$

という連続した 4 項の間の関係式である「**4 項間漸化式**」で定義される数列の一般項の求め方を解説する．先に，初期値問題も含めて方法を述べておく．3 項間の場合の方法をそのまま自然に一般化するだけである：

命題 16.4　漸化式

$$a_{n+3} + ca_{n+2} + da_{n+1} + ea_n = 0 \quad (n = 0, 1, 2, \cdots)$$

で定義される数列 $\{a_n\}$ の一般項は，3 次方程式

$$\lambda^3 + c\lambda^2 + d\lambda + e = 0$$

の 3 つの解を $\lambda_1, \lambda_2, \lambda_3$ とすると

$$a_n = \alpha \lambda_1^n + \beta \lambda_2^n + \gamma \lambda_3^n$$

と表される．ただし，α, β, γ は定数である．さらに初期値 a_0, a_1, a_2 が与えられているときは，上で求めた一般項で $n = 0, 1, 2$ とおいてできる α, β, γ に関する連立方程式を解けば，初期値問題の解が求められる．

具体例を解いてみよう．

例題 16.2　漸化式

$$a_{n+3} - 6a_{n+2} + 11a_{n+1} - 6a_n = 0 \quad (n = 0, 1, 2, \cdots) \quad (16.4)$$

で定義される数列 $\{a_n\}$ が

$$a_0 = 2, \quad a_1 = 2, \quad a_2 = 4$$

をみたしているとき，一般項を求めよ．

[解]　漸化式 (16.4) の係数をそのまま用いた 3 次方程式

$$\lambda^3 - 6\lambda^2 + 11\lambda - 6 = 0$$

を解くと

$$\lambda^3 - 6\lambda^2 + 11\lambda - 6 = (\lambda - 1)(\lambda - 2)(\lambda - 3) = 0$$

より，$\lambda = 1, 2, 3$ である．したがって一般項は，α, β, γ を定数として

$$a_n = \alpha \cdot 1^n + \beta \cdot 2^n + \gamma \cdot 3^n$$

と表される．ここに $n = 0, 1, 2$ を代入すると連立方程式

$$\begin{cases} \alpha + \beta + \gamma = 2 \\ \alpha + 2\beta + 3\gamma = 2 \\ \alpha + 4\beta + 9\gamma = 4 \end{cases}$$

が得られ，その解は

$$\alpha = 3, \quad \beta = -2, \quad \gamma = 1$$

である．したがって一般項は

$$a_n = 3 - 2^{n+1} + 3^n \qquad (n = 0, 1, 2, \cdots)$$

と表される．　　　　□

第 16 章の練習問題

1. 次の漸化式で定義される数列の一般項を求めよ．

(1) $a_{n+2} - a_{n+1} - 6a_n = 0, \quad a_0 = 2, \quad a_1 = 1.$

(2) $a_{n+2} - 7a_{n+1} + 10a_n = 0, \quad a_0 = -1, \quad a_1 = 1.$

(3) $a_{n+2} + 2a_{n+1} - 3a_n = 0, \quad a_0 = 5, \quad a_1 = 1.$

(4) $a_{n+3} + a_{n+2} - 4a_{n+1} - 4a_n = 0, \quad a_0 = 1, \quad a_1 = 1, \quad a_2 = 7.$

(5) $a_{n+3} - 4a_{n+2} + a_{n+1} + 6a_n = 0, \quad a_0 = 0, \quad a_1 = -5, \quad a_2 = -1.$

$17.$ 内　積

本章では，ベクトルの「内積」の定義，およびそのいくつかの重要な性質を調べていく．

17.1　ベクトルの内積・直交・長さ

定義 17.1　$\mathbf{R}^n$ の 2 つのベクトル

$$x = \begin{pmatrix} x_1 \\ x_2 \\ \vdots \\ x_n \end{pmatrix}, \quad y = \begin{pmatrix} y_1 \\ y_2 \\ \vdots \\ y_n \end{pmatrix}$$

に対し，

$$x_1 y_1 + x_2 y_2 + \cdots + x_n y_n \ \left(= \sum_{i=1}^{n} x_i y_i \right)$$

を x と y の**内積**といい，記号で (x, y) と表す．

$n = 2$ のとき，たとえば

$$x = \begin{pmatrix} 1 \\ 2 \end{pmatrix} \ \text{と} \ y = \begin{pmatrix} 3 \\ 4 \end{pmatrix}$$

の内積は

$$(x, y) = \left(\begin{pmatrix} 1 \\ 2 \end{pmatrix}, \begin{pmatrix} 3 \\ 4 \end{pmatrix} \right) = 1 \cdot 3 + 2 \cdot 4 = 3 + 8 = 11$$

であり，$n = 3$ のとき，たとえば

$$(x, y) = \left(\begin{pmatrix} -1 \\ 2 \\ -3 \end{pmatrix}, \begin{pmatrix} -4 \\ 5 \\ 6 \end{pmatrix} \right) = (-1) \cdot (-4) + 2 \cdot 5 + (-3) \cdot 6 = -4$$

となる．つまり，何次元であっても 2 つのベクトルの対応する成分どうしを掛けたものを全部足せばよいのである．

次に，内積を用いて，2 つのベクトルが直交しているかどうかの判定法，そして，ベクトルの長さの計算法を述べる．

定義 17.2 $\mathbf{R}^n$ の 2 つのベクトル x, y が $(x, y) = 0$ をみたすとき，x と y は**直交する**という．

たとえば，$\mathbf{R}^2$ の 2 つのベクトル $\begin{pmatrix} 2 \\ 1 \end{pmatrix}$ と $\begin{pmatrix} -2 \\ 4 \end{pmatrix}$ は直交している．なぜなら，これらの内積を計算すると

$$\left(\begin{pmatrix} 2 \\ 1 \end{pmatrix}, \begin{pmatrix} -2 \\ 4 \end{pmatrix} \right) = 2 \cdot (-2) + 1 \cdot 4 = 0$$

となるからである．実際にこれらのベクトルを xy 平面に図示してみると，図 17.1 のように，文字どおり直交していることがわかる．しかし一般に $\mathbf{R}^n$ のベクトルは，n が 4 以上だとわれわれの目には見えず，直交しているといわれても想像しにくいが，線形代数では，代数的な関係だけに着目して，2 次元や 3 次元の場合のようななじみの深い世界で成り立つことを一般化していくことができるのである．

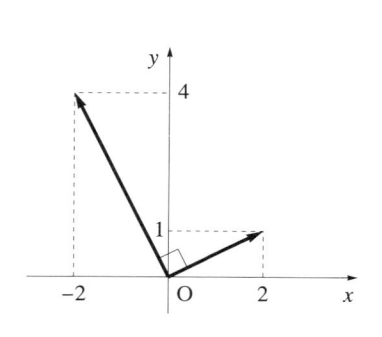

図 17.1　直交するベクトル

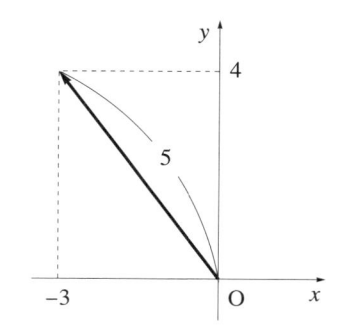

図 17.2　ベクトルの長さ

定義 17.3 $\mathbf{R}^n$ のベクトル x に対し，$\sqrt{(x, x)}$ を x の**長さ**（あるいは**ノルム**）といい，記号 $\|x\|$ で表す．また，長さが 1 のベクトルを，**単位ベクトル**という．

たとえば，ベクトル $\begin{pmatrix} -3 \\ 4 \end{pmatrix}$ の長さは

$$\left\| \begin{pmatrix} -3 \\ 4 \end{pmatrix} \right\| = \sqrt{(-3)^2 + 4^2} = \sqrt{25} = 5$$

である．これも図示してみると，図 17.2 のように，ベクトルの長さとは，原点 O と点 $(-3, 4)$ を結んだ線分の文字どおりの長さになっている．

17.2　内積の性質

　次の命題はどれも内積の基本的な性質である．今後，内積を用いて計算するときにたびたび使うことになる：

命題 17.4　(1–1) $\boldsymbol{x}, \boldsymbol{y}, \boldsymbol{z} \in \mathbf{R}^n$ に対し，$(\boldsymbol{x} + \boldsymbol{y}, \boldsymbol{z}) = (\boldsymbol{x}, \boldsymbol{z}) + (\boldsymbol{y}, \boldsymbol{z})$.

(1–2) $\boldsymbol{x}, \boldsymbol{y}, \boldsymbol{z} \in \mathbf{R}^n$ に対し，$(\boldsymbol{x}, \boldsymbol{y} + \boldsymbol{z}) = (\boldsymbol{x}, \boldsymbol{y}) + (\boldsymbol{x}, \boldsymbol{z})$.

(2–1) $\boldsymbol{x}, \boldsymbol{y} \in \mathbf{R}^n$ と定数 $c \in \mathbf{R}$ に対し，$(c\boldsymbol{x}, \boldsymbol{y}) = c(\boldsymbol{x}, \boldsymbol{y})$.

(2–2) $\boldsymbol{x}, \boldsymbol{y} \in \mathbf{R}^n$ と定数 $c \in \mathbf{R}$ に対し，$(\boldsymbol{x}, c\boldsymbol{y}) = c(\boldsymbol{x}, \boldsymbol{y})$.

(3–1) どのような $\boldsymbol{x} \in \mathbf{R}^n$ に対しても，つねに $(\boldsymbol{x}, \boldsymbol{x}) \geq 0$.

(3–2) $\boldsymbol{x} \in \mathbf{R}^n$ が $(\boldsymbol{x}, \boldsymbol{x}) = 0$ をみたすのは $\boldsymbol{x} = \boldsymbol{0}$ のときしかない.

[証明]　(1–1) 成分を用いて表して

$$\boldsymbol{x} = \begin{pmatrix} x_1 \\ x_2 \\ \vdots \\ x_n \end{pmatrix}, \quad \boldsymbol{y} = \begin{pmatrix} y_1 \\ y_2 \\ \vdots \\ y_n \end{pmatrix}, \quad \boldsymbol{z} = \begin{pmatrix} z_1 \\ z_2 \\ \vdots \\ z_n \end{pmatrix}$$

とおいて左辺を計算していくと

$$
\begin{aligned}
左辺 &= \left(\begin{pmatrix} x_1 \\ x_2 \\ \vdots \\ x_n \end{pmatrix} + \begin{pmatrix} y_1 \\ y_2 \\ \vdots \\ y_n \end{pmatrix}, \begin{pmatrix} z_1 \\ z_2 \\ \vdots \\ z_n \end{pmatrix} \right) \\
&= \left(\begin{pmatrix} x_1 + y_1 \\ x_2 + y_2 \\ \vdots \\ x_n + y_n \end{pmatrix}, \begin{pmatrix} z_1 \\ z_2 \\ \vdots \\ z_n \end{pmatrix} \right) \quad (\Leftarrow \text{ベクトルの加法の定義})
\end{aligned}
$$

$$= (x_1 + y_1)z_1 + (x_2 + y_2)z_2 + \cdots + (x_n + y_n)z_n \qquad (\Leftarrow \text{内積の定義})$$

$$= (x_1 z_1 + y_1 z_1) + (x_2 z_2 + y_2 z_2) + \cdots + (x_n z_n + y_n z_n) \quad (\Leftarrow \text{分配法則})$$

$$= (x_1 z_1 + x_2 z_2 + \cdots + x_n z_n) + (y_1 z_1 + y_2 z_2 + \cdots + y_n z_n)$$

$$(\Leftarrow \text{加法の交換法則})$$

$$= (\boldsymbol{x}, \boldsymbol{z}) + (\boldsymbol{y}, \boldsymbol{z}) \qquad (\Leftarrow \text{内積の定義})$$

$$= \text{右辺}$$

となるから成り立っている. (1–2) も同様にできる.

(2–1) については,

$$
\text{左辺} = \left(c \begin{pmatrix} x_1 \\ x_2 \\ \vdots \\ x_n \end{pmatrix}, \begin{pmatrix} y_1 \\ y_2 \\ \vdots \\ y_n \end{pmatrix} \right)
$$

$$
= \left(\begin{pmatrix} cx_1 \\ cx_2 \\ \vdots \\ cx_n \end{pmatrix}, \begin{pmatrix} y_1 \\ y_2 \\ \vdots \\ y_n \end{pmatrix} \right) \quad (\Leftarrow \text{ベクトルの定数倍の定義})
$$

$$= cx_1 y_1 + cx_2 y_2 + \cdots + cx_n y_n \quad (\Leftarrow \text{内積の定義})$$

$$= c(x_1 y_1 + x_2 y_2 + \cdots + x_n y_n) \quad (\Leftarrow \text{分配法則})$$

$$= c(\boldsymbol{x}, \boldsymbol{y}) \qquad (\Leftarrow \text{内積の定義})$$

$$= \text{右辺}$$

となるから成り立っている. (2–2) も同様である.

(3–1) は

$$(\boldsymbol{x}, \boldsymbol{x}) = x_1 x_1 + x_2 x_2 + \cdots + x_n x_n$$

$$= x_1^2 + x_2^2 + \cdots + x_n^2 \tag{17.1}$$

というように, 実数の 2 乗の和になるから, 0 以上である. (3–2) が成り立つ理由は, (17.1) の右辺が 0 となるのは

$$x_1 = 0, \ x_2 = 0, \ \cdots, \ x_n = 0$$

のときしかないからである. $\square$

注意　この命題のおかげで, 定義 17.3 のように長さを定義しても問題ないことがわかる. $\sqrt{(\cdot,\,\cdot)}$ の中身が負にならないことが保証されたからである.

注意　この命題 17.4 の (1–1), (1–2), (2–1), (2–2) をまとめて「**双線形性**」, (3–1) を「**正値性**」, (3–2) を「**非退化性**」という.

17.3　直交する単位ベクトルの構成法

次の命題の (A) は,

　　「与えられたベクトルから, 同じ方向をもつ単位ベクトルをつくる標準的
　　　な方法」

であり, (B) は,

　　「いくつかの直交する単位ベクトルに, それらと直交する新たな単位ベク
　　　トルを付け加える方法」

である. それぞれが次章で述べる「グラム・シュミットの直交化法」の原理となる:

命題 17.5　(A)　$\mathbf{R}^n$ のベクトル $\boldsymbol{x}$ ($\neq \boldsymbol{0}$) に対して
$$\boldsymbol{x}_{\mathrm{e}} = \frac{1}{||\boldsymbol{x}||}\boldsymbol{x}$$
とおくと, $\boldsymbol{x}_{\mathrm{e}}$ は単位ベクトルである.

　(B)　$\boldsymbol{e}_1, \boldsymbol{e}_2, \cdots, \boldsymbol{e}_k \in \mathbf{R}^n$ が互いに直交する単位ベクトルであるとき, $\boldsymbol{x} \in \mathbf{R}^n$ に対して
$$\boldsymbol{x}' = \boldsymbol{x} - (\boldsymbol{x}, \boldsymbol{e}_1)\boldsymbol{e}_1 - \cdots - (\boldsymbol{x}, \boldsymbol{e}_k)\boldsymbol{e}_k$$
とおくと
$$(\boldsymbol{x}', \boldsymbol{e}_1) = (\boldsymbol{x}', \boldsymbol{e}_2) = \cdots = (\boldsymbol{x}', \boldsymbol{e}_k) = 0$$
となる.

[証明]　(A) の証明:　みやすくするために $c = \dfrac{1}{||\boldsymbol{x}||}$ とおいておく ($c > 0$ であることに注意しよう). したがって $\boldsymbol{x}_{\mathrm{e}} = c\boldsymbol{x}$ である. そして $\boldsymbol{x}_{\mathrm{e}}$ の長さを計算していくと

$$\begin{aligned}
||\boldsymbol{x}_{\mathrm{e}}|| &= ||c\boldsymbol{x}|| \\
&= \sqrt{(c\boldsymbol{x}, c\boldsymbol{x})} \quad (\Leftarrow \text{長さの定義}) \\
&= \sqrt{c(\boldsymbol{x}, c\boldsymbol{x})} \quad (\Leftarrow \text{命題 17.4 の (2–1)})
\end{aligned}$$

$$= \sqrt{c^2(\boldsymbol{x}, \boldsymbol{x})} \qquad (\Leftarrow \text{命題 17.4 の (2–2)})$$

$$= c\sqrt{(\boldsymbol{x}, \boldsymbol{x})} \qquad (\Leftarrow c > 0 \text{ だから})$$

$$= c||\boldsymbol{x}|| \qquad (\Leftarrow \text{長さの定義})$$

$$= \frac{1}{||\boldsymbol{x}||} \cdot ||\boldsymbol{x}|| \qquad (\Leftarrow c \text{ の定義})$$

$$= 1$$

となる．したがって $\boldsymbol{x}_e$ は単位ベクトルである．

(B) の証明： みやすくするために，今度は $c_i = (\boldsymbol{x}, \boldsymbol{e}_i)$ $(1 \le i \le k)$ とおく．このとき $\boldsymbol{x}' = \boldsymbol{x} - \sum_{i=1}^{k} c_i \boldsymbol{e}_i$ と表されることに注意して，$\boldsymbol{e}_j$ $(1 \le j \le k)$ との内積を計算していくと

$$(\boldsymbol{x}', \boldsymbol{e}_j) = \left(\boldsymbol{x} - \sum_{i=1}^{k} c_i \boldsymbol{e}_i, \ \boldsymbol{e}_j \right)$$

$$= (\boldsymbol{x}, \boldsymbol{e}_j) - \sum_{i=1}^{k} (c_i \boldsymbol{e}_i, \boldsymbol{e}_j) \qquad (\Leftarrow \text{命題 17.4 の (1–1)})$$

$$= (\boldsymbol{x}, \boldsymbol{e}_j) - \sum_{i=1}^{k} c_i (\boldsymbol{e}_i, \boldsymbol{e}_j) \qquad (\Leftarrow \text{命題 17.4 の (2–1)})$$

$$= (\boldsymbol{x}, \boldsymbol{e}_j) - c_j \qquad (\Leftarrow i \ne j \text{ のとき } (\boldsymbol{e}_i, \boldsymbol{e}_j) = 0)$$

$$= (\boldsymbol{x}, \boldsymbol{e}_j) - (\boldsymbol{x}, \boldsymbol{e}_j) \qquad (\Leftarrow c_j \text{ をこうおいた})$$

$$= 0$$

となって，証明が完成する． $\qquad\qquad\qquad \square$

17.4 複素ベクトルの内積 *

成分が複素数のベクトルのときは，内積は次のように定義される：

命題 17.6 $\mathbf{C}^n$ の 2 つのベクトル

$$\boldsymbol{x} = \begin{pmatrix} x_1 \\ x_2 \\ \vdots \\ x_n \end{pmatrix}, \quad \boldsymbol{y} = \begin{pmatrix} y_1 \\ y_2 \\ \vdots \\ y_n \end{pmatrix}$$

に対し

$$\overline{x_1}y_1 + \overline{x_2}y_2 + \cdots + \overline{x_n}y_n \quad \left(= \sum_{i=1}^{n} \overline{x_i}y_i \right)$$

を $\boldsymbol{x}$ と $\boldsymbol{y}$ の**内積**といい，記号で $(\boldsymbol{x}, \boldsymbol{y})$ と表す．

注意　複素数 $z = a + bi$ (i は虚数単位，a, b は実数) に対して，$a - bi$ という複素数を，z の「複素共役」あるいは「共役複素数」とよび，$\overline{z}$ という記号で表す．

　複素数ベクトルに対しても，定義 17.2，定義 17.3 とまったく同じ式で，直交性，長さが定義される．命題 17.4 は，次のように (2–1) だけが変わる：

命題 17.7　(1–1) $\boldsymbol{x}, \boldsymbol{y}, \boldsymbol{z} \in \mathbf{C}^n$ に対し，$(\boldsymbol{x} + \boldsymbol{y}, \boldsymbol{z}) = (\boldsymbol{x}, \boldsymbol{z}) + (\boldsymbol{y}, \boldsymbol{z})$．

(1–2) $\boldsymbol{x}, \boldsymbol{y}, \boldsymbol{z} \in \mathbf{C}^n$ に対し，$(\boldsymbol{x}, \boldsymbol{y} + \boldsymbol{z}) = (\boldsymbol{x}, \boldsymbol{y}) + (\boldsymbol{x}, \boldsymbol{z})$．

(2–1) $\boldsymbol{x}, \boldsymbol{y} \in \mathbf{C}^n$ と定数 $c \in \mathbf{C}$ に対し，$(c\boldsymbol{x}, \boldsymbol{y}) = \overline{c}(\boldsymbol{x}, \boldsymbol{y})$．

(2–2) $\boldsymbol{x}, \boldsymbol{y} \in \mathbf{C}^n$ と定数 $c \in \mathbf{C}$ に対し，$(\boldsymbol{x}, c\boldsymbol{y}) = c(\boldsymbol{x}, \boldsymbol{y})$．

(3–1) どのような $\boldsymbol{x} \in \mathbf{C}^n$ に対しても，つねに $(\boldsymbol{x}, \boldsymbol{x}) \geq 0$．

(3–2) $\boldsymbol{x} \in \mathbf{C}^n$ が $(\boldsymbol{x}, \boldsymbol{x}) = 0$ をみたすのは $\boldsymbol{x} = \boldsymbol{0}$ のときしかない．

　この命題の (3–1) を成り立たせたいがために，内積の定義 17.6 で $\boldsymbol{x}$ の成分をすべて共役複素数にしたのである．そして命題 17.5 は次のようになる：

命題 17.8　(A) $\mathbf{C}^n$ のベクトル $\boldsymbol{x}$ $(\neq \boldsymbol{0})$ に対して

$$\boldsymbol{x}_{\mathrm{e}} = \frac{1}{||\boldsymbol{x}||}\boldsymbol{x}$$

とおくと，$\boldsymbol{x}$ は単位ベクトルである．

　(B) $\boldsymbol{e}_1, \boldsymbol{e}_2, \cdots, \boldsymbol{e}_k \in \mathbf{C}^n$ が互いに直交する単位ベクトルであるとき，$\boldsymbol{x} \in \mathbf{C}^n$ に対して

$$\boldsymbol{x}' = \boldsymbol{x} - \overline{(\boldsymbol{x}, \boldsymbol{e}_1)}\boldsymbol{e}_1 - \cdots - \overline{(\boldsymbol{x}, \boldsymbol{e}_k)}\boldsymbol{e}_k$$

とおくと

$$(\boldsymbol{x}', \boldsymbol{e}_1) = (\boldsymbol{x}', \boldsymbol{e}_2) = \cdots = (\boldsymbol{x}', \boldsymbol{e}_k) = 0$$

となる．

第 17 章の練習問題

1. 次の 2 つのベクトルが直交するように a の値を定めよ.

(1) $\begin{pmatrix} 1 \\ -3 \\ -5 \end{pmatrix}$, $\begin{pmatrix} -6 \\ a \\ -a \end{pmatrix}$ (2) $\begin{pmatrix} 2a \\ -2 \\ a \\ -5 \end{pmatrix}$, $\begin{pmatrix} -3 \\ 5a \\ 2a \\ -6 \end{pmatrix}$

2. $\mathbf{R}^3$ の 2 つのベクトル $\boldsymbol{p} = \begin{pmatrix} a \\ b \\ c \end{pmatrix}$, $\boldsymbol{q} = \begin{pmatrix} d \\ e \\ f \end{pmatrix}$ に対し,

$$x_1 = \det \begin{pmatrix} b & e \\ c & f \end{pmatrix}, \quad x_2 = -\det \begin{pmatrix} a & d \\ c & f \end{pmatrix}, \quad x_3 = \det \begin{pmatrix} a & d \\ b & e \end{pmatrix}$$

とおいてベクトル $\boldsymbol{x} = \begin{pmatrix} x_1 \\ x_2 \\ x_3 \end{pmatrix}$ をつくると, この $\boldsymbol{x}$ は $\boldsymbol{p}, \boldsymbol{q}$ の両方と直交することを証明せよ.

18. グラム・シュミットの直交化法

与えられたいくつかのベクトルから，互いに直交する単位ベクトルをつくる標準的な方法である「グラム・シュミットの直交化法」を説明する．具体的な計算でもしばしば用いられる有用な方法である．

18.1 グラム・シュミットの直交化法

最初に，2次元の場合でこの方法がどういう手順で行われるか，という様子をみてみよう．n次元の場合を理解する基本が，すでにここに含まれている．なお，以下の説明においては，前章の命題 17.5 の (A) を「命題 A」，命題 17.5 の (B) を「命題 B」とよぶ．

$\mathbf{R}^2$ の 2 つのベクトル $\boldsymbol{x}_1, \boldsymbol{x}_2$ が与えられたとき，次の手順でベクトル $\boldsymbol{e}_1, \boldsymbol{e}_2$ をつくる：

1) $\boldsymbol{x}_1$ をその長さで割り，

$$e_1 = \frac{1}{||\boldsymbol{x}_1||} \boldsymbol{x}_1$$

とおく．そうすれば命題 A によって，$\boldsymbol{e}_1$ の長さは 1 であり，単位ベクトルになっている．

2–1) $\boldsymbol{x}_2' = \boldsymbol{x}_2 - (\boldsymbol{x}_2, \boldsymbol{e}_1)\boldsymbol{e}_1$ とおく．これによって，命題 B により，$\boldsymbol{x}_2'$ は $\boldsymbol{e}_1$ と直交するベクトルになる．そして，

2–2) $\boldsymbol{e}_2 = \frac{1}{||\boldsymbol{x}_2'||} \boldsymbol{x}_2'$ とおく．すると命題 A により，$\boldsymbol{e}_2$ は単位ベクトルになり，さらに $\boldsymbol{e}_2$ は $\boldsymbol{x}_2'$ と方向が同じだから，$\boldsymbol{e}_1$ と直交していることに変わりはない．

命題 18.1 与えられた $\mathbf{R}^n$ の k 個のベクトル $\boldsymbol{x}_1, \boldsymbol{x}_2, \cdots, \boldsymbol{x}_k$ から次のようにして，k 個の互いに直交する単位ベクトル $\boldsymbol{e}_1, \boldsymbol{e}_2, \cdots, \boldsymbol{e}_k$ をつくることができる：

1) $e_1 = \frac{1}{||\boldsymbol{x}_1||} \boldsymbol{x}_1$ とおく．

2-1) $x_2' = x_2 - (x_2, e_1)e_1$ とおく.

2-2) $e_2 = \dfrac{1}{||x_2'||} x_2'$ とおく.

3-1) $x_3' = x_3 - (x_3, e_1)e_1 - (x_3, e_2)e_2$ とおく.

3-2) $e_3 = \dfrac{1}{||x_3'||} x_3'$ とおく.

....

k-1) $x_k' = x_k - (x_k, e_1)e_1 - \cdots - (x_k, e_{k-1})e_{k-1}$ とおく.

k-2) $e_k = \dfrac{1}{||x_k'||} x_k'$ とおく.

[証明]　命題 A と命題 B を代わる代わる適用することで, 次のように証明できる:

1) の e_1 は命題 A によって単位ベクトルで,

2-1) の x_2' は命題 B によって e_1 と直交し,

2-2) の e_2 は命題 A によって単位ベクトルで, しかも e_1 と直交し,

3-1) の x_3' は命題 B によって e_1, e_2 と直交し,

3-2) の e_3 は命題 A によって単位ベクトルで, しかも e_1, e_2 と直交し,

.........,

というように, それまでにできた単位ベクトルと直交する単位ベクトルが 1 つずつ増えていく. □

注意　場合によっては, 途中ででてくる「x_i'」が零ベクトルになってしまうことがある. そのときは, そのステップをとばして次に進めばよい.

では, グラム・シュミットの直交化法を具体的な例題でみていこう.

例題 18.1　$\mathbf{R}^3$ の 3 つのベクトル

$$x_1 = \begin{pmatrix} 1 \\ 1 \\ 0 \end{pmatrix}, \quad x_2 = \begin{pmatrix} 1 \\ 0 \\ 1 \end{pmatrix}, \quad x_3 = \begin{pmatrix} 0 \\ 1 \\ 1 \end{pmatrix}$$

にグラム・シュミットの直交化法を適用して, 互いに直交する単位ベクトルをつくれ.

[解] 命題 18.1 の各ステップに，与えられたベクトル，そしてできあがった
ベクトルを代入していく．

1) $\boldsymbol{e}_1 = \dfrac{1}{\|\boldsymbol{x}_1\|}\boldsymbol{x}_1 = \dfrac{1}{\sqrt{1^2+1^2+0^2}}\begin{pmatrix}1\\1\\0\end{pmatrix} = \dfrac{1}{\sqrt{2}}\begin{pmatrix}1\\1\\0\end{pmatrix}$

（⇐「$\dfrac{1}{\sqrt{2}}$」を中に入れるより，そのままにして
おいたほうが後の計算が楽になる）

2–1) $\boldsymbol{x}_2' = \boldsymbol{x}_2 - (\boldsymbol{x}_2, \boldsymbol{e}_1)\boldsymbol{e}_1$

$= \begin{pmatrix}1\\0\\1\end{pmatrix} - \left(\begin{pmatrix}1\\0\\1\end{pmatrix}, \dfrac{1}{\sqrt{2}}\begin{pmatrix}1\\1\\0\end{pmatrix}\right) \cdot \dfrac{1}{\sqrt{2}}\begin{pmatrix}1\\1\\0\end{pmatrix}$

$= \begin{pmatrix}1\\0\\1\end{pmatrix} - \dfrac{1}{2}\left(\begin{pmatrix}1\\0\\1\end{pmatrix}, \begin{pmatrix}1\\1\\0\end{pmatrix}\right)\begin{pmatrix}1\\1\\0\end{pmatrix}$

（⇐ このように「$\dfrac{1}{\sqrt{2}}$」が 2 つでて簡単に
なるから，そのままにしておいた）

$= \begin{pmatrix}1\\0\\1\end{pmatrix} - \dfrac{1}{2}\cdot 1\cdot\begin{pmatrix}1\\1\\0\end{pmatrix}$

$= \begin{pmatrix}1\\0\\1\end{pmatrix} - \begin{pmatrix}\frac{1}{2}\\\frac{1}{2}\\0\end{pmatrix} = \begin{pmatrix}\frac{1}{2}\\-\frac{1}{2}\\1\end{pmatrix}$

$= \dfrac{1}{2}\begin{pmatrix}1\\-1\\2\end{pmatrix}$ 　　（⇐ 正の分数をくくり出しておいたほうが
次のステップが簡単になる）

2–2) $\boldsymbol{e}_2 = \dfrac{1}{\|\boldsymbol{x}_2'\|}\boldsymbol{x}_2'$

$= \dfrac{1}{\sqrt{1^2+(-1)^2+2^2}}\begin{pmatrix}1\\-1\\2\end{pmatrix}$ 　（⇐「$\dfrac{1}{2}$」でくくった残りの
ベクトルを長さで割ればよい）

$= \dfrac{1}{\sqrt{6}}\begin{pmatrix}1\\-1\\2\end{pmatrix}$

3–1) $\boldsymbol{x}_3' = \boldsymbol{x}_3 - (\boldsymbol{x}_3, \boldsymbol{e}_1)\boldsymbol{e}_1 - (\boldsymbol{x}_3, \boldsymbol{e}_2)\boldsymbol{e}_2$

$$= \begin{pmatrix} 0 \\ 1 \\ 1 \end{pmatrix} - \left(\begin{pmatrix} 0 \\ 1 \\ 1 \end{pmatrix}, \frac{1}{\sqrt{2}} \begin{pmatrix} 1 \\ 1 \\ 0 \end{pmatrix} \right) \cdot \frac{1}{\sqrt{2}} \begin{pmatrix} 1 \\ 1 \\ 0 \end{pmatrix}$$

$$- \left(\begin{pmatrix} 0 \\ 1 \\ 1 \end{pmatrix}, \frac{1}{\sqrt{6}} \begin{pmatrix} 1 \\ -1 \\ 2 \end{pmatrix} \right) \cdot \frac{1}{\sqrt{6}} \begin{pmatrix} 1 \\ -1 \\ 2 \end{pmatrix}$$

$$= \begin{pmatrix} 0 \\ 1 \\ 1 \end{pmatrix} - \frac{1}{2} \cdot 1 \cdot \begin{pmatrix} 1 \\ 1 \\ 0 \end{pmatrix} - \frac{1}{6} \cdot 1 \cdot \begin{pmatrix} 1 \\ -1 \\ 2 \end{pmatrix}$$

$$= \frac{2}{3} \begin{pmatrix} -1 \\ 1 \\ 1 \end{pmatrix}$$

3–2) $\boldsymbol{e}_3 = \dfrac{1}{\|\boldsymbol{x}_3'\|} \boldsymbol{x}_3'$

$$= \frac{1}{\sqrt{(-1)^2 + 1^2 + 1^2}} \begin{pmatrix} -1 \\ 1 \\ 1 \end{pmatrix}$$

$$= \frac{1}{\sqrt{3}} \begin{pmatrix} -1 \\ 1 \\ 1 \end{pmatrix}$$

したがって，3つのベクトル

$$\boldsymbol{e}_1 = \frac{1}{\sqrt{2}} \begin{pmatrix} 1 \\ 1 \\ 0 \end{pmatrix}, \quad \boldsymbol{e}_2 = \frac{1}{\sqrt{6}} \begin{pmatrix} 1 \\ -1 \\ 2 \end{pmatrix}, \quad \boldsymbol{e}_3 = \frac{1}{\sqrt{3}} \begin{pmatrix} -1 \\ 1 \\ 1 \end{pmatrix}$$

が，互いに直交する単位ベクトルになる． □

18.2 正規直交基底

グラム・シュミットの直交化法に関連して，今後もよく用いる用語を導入しておこう：

> **定義 18.2** $\mathbf{R}^n$ のベクトル $\boldsymbol{e}_1, \boldsymbol{e}_2, \cdots, \boldsymbol{e}_k$ が互いに直交する単位ベクトルであるとき，これらのベクトルを「**正規直交系**」という．

したがって，グラム・シュミットの直交化法は，「与えられたいくつかのベクトルから正規直交系をつくる方法である」といえる．

次の命題は，正規直交系の重要性を示している：

> **命題 18.3** $\mathbf{R}^n$ の正規直交系が n 個のベクトルからなるとき，それらは基底である．

[**証明**]　その正規直交系が $e_1, e_2, \cdots, e_n$ であるとして，これらが 1 次独立であることをまず示そう．そこで定数 $c_1, c_2, \cdots, c_n \in \mathbf{R}$ に対して等式

$$c_1 e_1 + c_2 e_2 + \cdots + c_n e_n = \mathbf{0} \tag{18.1}$$

が成り立つと仮定すると，必ず

$$c_1 = c_2 = \cdots = c_n = 0$$

となることを証明すればよい．そのために，(18.1) の両辺と e_i $(1 \leq i \leq n)$ との内積を計算してみる．左辺との内積は

$$(c_1 e_1 + c_2 e_2 + \cdots + c_n e_n, e_i)$$
$$= (c_1 e_1, e_i) + (c_2 e_2, e_i) + \cdots + (c_n e_n, e_i)$$
$$(\Leftarrow \text{内積の線形性：命題 17.4 の (1–1)})$$
$$= c_1(e_1, e_i) + c_2(e_2, e_i) + \cdots + c_n(e_n, e_i)$$
$$(\Leftarrow \text{内積の線形性：命題 17.4 の (2–1)})$$
$$= c_1 \cdot 0 + c_2 \cdot 0 + \cdots + c_i \cdot 1 + \cdots + c_n \cdot 0$$
$$(\Leftarrow e_1, e_2, \cdots, e_n \text{ が正規直交系だから})$$
$$= c_i$$

であり，右辺の零ベクトル $\mathbf{0}$ との内積は 0 だから，すべての c_i $(1 \leq i \leq n)$ が 0 となる．

次に，$\mathbf{R}^n$ の任意のベクトル $\boldsymbol{a} = \begin{pmatrix} a_1 \\ a_2 \\ \vdots \\ a_n \end{pmatrix}$ に対して

$$\boldsymbol{a} = c_1 e_1 + c_2 e_2 + \cdots + c_n e_n \tag{$*$}$$

をみたす定数 $c_1, c_2, \cdots, c_n$ が存在することを示そう．そこで n 個の列ベクトル

$e_1, e_2, \cdots, e_n$ を横に並べた n 次行列を

$$P = \begin{pmatrix} e_1 & e_2 & \cdots & e_n \end{pmatrix}$$

とすると，等式 $(*)$ は

$$\begin{pmatrix} a_1 \\ a_2 \\ \vdots \\ a_n \end{pmatrix} = P \begin{pmatrix} c_1 \\ c_2 \\ \vdots \\ c_n \end{pmatrix}$$

と表される．$e_1, e_2, \cdots, e_n$ は 1 次独立であるから，系 12.5 より $\det P \neq 0$ であって P は正則である．そこでこの両辺に左から P^{-1} を掛ければ

$$\begin{pmatrix} c_1 \\ c_2 \\ \vdots \\ c_n \end{pmatrix} = P^{-1} \begin{pmatrix} a_1 \\ a_2 \\ \vdots \\ a_n \end{pmatrix}$$

となって，$c_1, c_2, \cdots, c_n$ が存在することがわかり，証明が終わる． $\square$

この命題によって，$\mathbf{R}^n$ の n 個のベクトルからなる正規直交系を**正規直交基底**とよぶ．

正規直交基底の有用性は，次の命題に現れている：

命題 18.4 $\mathbf{R}^n$ の正規直交基底 $e_1, e_2, \cdots, e_n$ が与えられているとき，$\mathbf{R}^n$ の任意のベクトル x は

$$x = (x, e_1)e_1 + (x, e_2)e_2 + \cdots + (x, e_n)e_n \qquad (18.2)$$

と表される．

[**証明**] 命題 18.3 によって，$e_1, e_2, \cdots, e_n$ は基底であるから，

$$x = c_1 e_1 + c_2 e_2 + \cdots + c_n e_n \qquad (18.3)$$

となるような係数 $c_i \in \mathbf{R}$ $(1 \leq i \leq n)$ が存在する．そこで，ベクトル x と e_i $(1 \leq i \leq n)$ との内積を計算すると

$$(x, e_i) = (c_1 e_1 + c_2 e_2 + \cdots + c_n e_n, e_i) \qquad (\Leftarrow (18.3) \text{ を代入した})$$

$$= c_i \qquad (\Leftarrow \text{命題 18.3 の証明にでてきた計算})$$

となるから，(18.3) の右辺の c_i を内積 $(\boldsymbol{x}, \boldsymbol{e}_i)$ で置き換えることができて，証明が終わる． □

このように，正規直交基底を用いて，与えられたベクトルを (18.2) の形で表すことを「**直交展開**」という．これは，フーリエ展開をはじめとするヒルベルト空間における様々な展開の基本となっている．

例題 18.2 $\mathbf{R}^3$ のベクトル $\boldsymbol{x} = \begin{pmatrix} 1 \\ 2 \\ 3 \end{pmatrix}$ の，例題 18.1 で求めた正規直交基底

$$\boldsymbol{e}_1 = \frac{1}{\sqrt{2}} \begin{pmatrix} 1 \\ 1 \\ 0 \end{pmatrix}, \quad \boldsymbol{e}_2 = \frac{1}{\sqrt{6}} \begin{pmatrix} 1 \\ -1 \\ 2 \end{pmatrix}, \quad \boldsymbol{e}_3 = \frac{1}{\sqrt{3}} \begin{pmatrix} -1 \\ 1 \\ 1 \end{pmatrix}$$

に関する直交展開を求めよ．

[**解**] $\boldsymbol{x}$ と $\boldsymbol{e}_1, \boldsymbol{e}_2, \boldsymbol{e}_3$ それぞれの内積を計算すると

$$(\boldsymbol{x}, \boldsymbol{e}_1) = \left(\begin{pmatrix} 1 \\ 2 \\ 3 \end{pmatrix}, \frac{1}{\sqrt{2}} \begin{pmatrix} 1 \\ 1 \\ 0 \end{pmatrix} \right) = \frac{3}{\sqrt{2}},$$

$$(\boldsymbol{x}, \boldsymbol{e}_2) = \left(\begin{pmatrix} 1 \\ 2 \\ 3 \end{pmatrix}, \frac{1}{\sqrt{6}} \begin{pmatrix} 1 \\ -1 \\ 2 \end{pmatrix} \right) = \frac{5}{\sqrt{6}},$$

$$(\boldsymbol{x}, \boldsymbol{e}_3) = \left(\begin{pmatrix} 1 \\ 2 \\ 3 \end{pmatrix}, \frac{1}{\sqrt{3}} \begin{pmatrix} -1 \\ 1 \\ 1 \end{pmatrix} \right) = \frac{4}{\sqrt{3}}$$

となるから，

$$\boldsymbol{x} = \frac{3}{\sqrt{2}} \boldsymbol{e}_1 + \frac{5}{\sqrt{6}} \boldsymbol{e}_2 + \frac{4}{\sqrt{3}} \boldsymbol{e}_3 \qquad \square$$

注意 もし直交性なしにこの問題を解こうとすれば

$$\begin{pmatrix} 1 \\ 2 \\ 3 \end{pmatrix} = c_1 \cdot \frac{1}{\sqrt{2}} \begin{pmatrix} 1 \\ 1 \\ 0 \end{pmatrix} + c_2 \cdot \frac{1}{\sqrt{6}} \begin{pmatrix} 1 \\ -1 \\ 2 \end{pmatrix} + c_3 \cdot \frac{1}{\sqrt{3}} \begin{pmatrix} -1 \\ 1 \\ 1 \end{pmatrix}$$

の右辺を計算したのち，c_1, c_2, c_3 に関する連立方程式を解くことになり，基本変形でやるにしても，相当な手間がかかる．しかし，直交性を使えば，この例題のように簡単な計算だけでできてしまうのがよいところである．

18.3 複素ベクトルの直交化 *

複素ベクトルの場合の命題 18.1 は次のようになる：

命題 18.5 与えられた $\mathbf{C}^n$ の k 個のベクトル $\boldsymbol{x}_1, \boldsymbol{x}_2, \cdots, \boldsymbol{x}_k$ から次のようにして，k 個の互いに直交する単位ベクトル $\boldsymbol{e}_1, \boldsymbol{e}_2, \cdots, \boldsymbol{e}_k$ をつくることができる：

1) $\boldsymbol{e}_1 = \dfrac{1}{\|\boldsymbol{x}_1\|}\boldsymbol{x}_1$ とおく．

2–1) $\boldsymbol{x}_2' = \boldsymbol{x}_2 - \overline{(\boldsymbol{x}_2, \boldsymbol{e}_1)}\boldsymbol{e}_1$ とおく．

2–2) $\boldsymbol{e}_2 = \dfrac{1}{\|\boldsymbol{x}_2'\|}\boldsymbol{x}_2'$ とおく．

3–1) $\boldsymbol{x}_3' = \boldsymbol{x}_3 - \overline{(\boldsymbol{x}_3, \boldsymbol{e}_1)}\boldsymbol{e}_1 - \overline{(\boldsymbol{x}_3, \boldsymbol{e}_2)}\boldsymbol{e}_2$ とおく．

3–2) $\boldsymbol{e}_3 = \dfrac{1}{\|\boldsymbol{x}_3'\|}\boldsymbol{x}_3'$ とおく．

$\cdots\cdots\cdots$

k–1) $\boldsymbol{x}_k' = \boldsymbol{x}_k - \overline{(\boldsymbol{x}_k, \boldsymbol{e}_1)}\boldsymbol{e}_1 - \cdots - \overline{(\boldsymbol{x}_k, \boldsymbol{e}_{k-1})}\boldsymbol{e}_{k-1}$ とおく．

k–2) $\boldsymbol{e}_k = \dfrac{1}{\|\boldsymbol{x}_k'\|}\boldsymbol{x}_k'$ とおく．

要するに，内積のところを全部「$\overline{(\cdot, \cdot)}$」に変えるだけである．命題 18.3 は「$\mathbf{R}^n$」を「$\mathbf{C}^n$」に変えるだけでよく，命題 18.4 はやはり内積にバーがついて次のようになる：

命題 18.6 $\mathbf{C}^n$ の正規直交基底 $\boldsymbol{e}_1, \boldsymbol{e}_2, \cdots, \boldsymbol{e}_n$ が与えられているとき，$\mathbf{C}^n$ の任意のベクトル $\boldsymbol{x}$ は

$$\boldsymbol{x} = \overline{(\boldsymbol{x}, \boldsymbol{e}_1)}\boldsymbol{e}_1 + \overline{(\boldsymbol{x}, \boldsymbol{e}_2)}\boldsymbol{e}_2 + \cdots + \overline{(\boldsymbol{x}, \boldsymbol{e}_n)}\boldsymbol{e}_n \qquad (18.4)$$

と表される．

第18章の練習問題

1. 次のベクトルにグラム・シュミットの直交化法を適用して，正規直交基底をつくれ.

(1) $\begin{pmatrix} 1 \\ 2 \end{pmatrix}, \begin{pmatrix} 2 \\ 3 \end{pmatrix}$ 　　(2) $\begin{pmatrix} 1 \\ 1 \\ -2 \end{pmatrix}, \begin{pmatrix} 1 \\ -2 \\ 1 \end{pmatrix}, \begin{pmatrix} 0 \\ 1 \\ 1 \end{pmatrix}$

(3) $\begin{pmatrix} 1 \\ 1 \\ 1 \\ 1 \end{pmatrix}, \begin{pmatrix} 1 \\ 1 \\ 0 \\ 0 \end{pmatrix}, \begin{pmatrix} 1 \\ 0 \\ 1 \\ 0 \end{pmatrix}, \begin{pmatrix} 1 \\ 0 \\ 0 \\ 1 \end{pmatrix}$

2. 　問題 1 の (3) でつくった正規直交基底を e_1, e_2, e_3, e_4 とするとき，次のベクトルをこの正規直交基底で直交展開せよ.

(1) $\begin{pmatrix} 1 \\ -2 \\ 3 \\ -4 \end{pmatrix}$ 　　(2) $\begin{pmatrix} -1 \\ 1 \\ 1 \\ 1 \end{pmatrix}$ 　　(3) $\begin{pmatrix} 1 \\ 0 \\ 1 \\ 0 \end{pmatrix}$

3. $\mathbf{R}^3$ の 3 つのベクトル $\begin{pmatrix} a \\ 1 \\ 1 \end{pmatrix}, \begin{pmatrix} 1 \\ b \\ 1 \end{pmatrix}, \begin{pmatrix} 1 \\ 1 \\ c \end{pmatrix}$ が互いに直交するように，

a, b, c の値を定めよ. さらにこのとき，これらの 3 つのベクトルにグラム・シュミットの直交化法を適用して正規直交基底をつくれ.

$19.$ 対称行列と直交行列

本章では「対称行列」「直交行列」を定義し，それらの重要な性質を調べる．

19.1 転置行列と内積

第 8 章の 8.4 節で導入した転置行列が，内積と深い関係があるということをみていきたい．

> **命題 19.1** n 次行列 A とベクトル $\boldsymbol{x}, \boldsymbol{y} \in \mathbf{R}^n$ に対して，等式
> $$(A\boldsymbol{x}, \boldsymbol{y}) = (\boldsymbol{x}, {}^t\!A\boldsymbol{y})$$
> が成り立つ．

[証明]
$$\boldsymbol{x} = \begin{pmatrix} x_1 \\ x_2 \\ \vdots \\ x_n \end{pmatrix}, \quad \boldsymbol{y} = \begin{pmatrix} y_1 \\ y_2 \\ \vdots \\ y_n \end{pmatrix}$$

とおく．すると $A\boldsymbol{x}$ の第 i 成分は $\sum_{j=1}^{n} a_{ij}x_j$ だから，

$$
\begin{aligned}
(A\boldsymbol{x}, \boldsymbol{y}) &= \sum_{i=1}^{n} (A\boldsymbol{x} \text{ の第 } i \text{ 成分}) \times (\boldsymbol{y} \text{ の第 } i \text{ 成分}) \\
&= \sum_{i=1}^{n} \left(\sum_{j=1}^{n} a_{ij}x_j \right) \times y_i \\
&= \sum_{i,j=1}^{n} a_{ij}x_j y_i
\end{aligned}
$$

となる．一方，転置行列の定義によって，${}^t\!A\boldsymbol{y}$ の第 j 成分は $\sum_{i=1}^{n} a_{ij}y_i$ だから，

$$
\begin{aligned}
(\boldsymbol{x}, {}^t\!A\boldsymbol{y}) &= \sum_{j=1}^{n} (\boldsymbol{x} \text{ の第 } j \text{ 成分}) \times ({}^t\!A\boldsymbol{y} \text{ の第 } j \text{ 成分}) \\
&= \sum_{j=1}^{n} x_j \left(\sum_{i=1}^{n} a_{ij}y_i \right)
\end{aligned}
$$

$$= \sum_{i,j=1}^{n} a_{ij} x_j y_i$$

となり，先に求めた $(A\boldsymbol{x}, \boldsymbol{y})$ の値と一致する． $\square$

19.2 共役転置行列

この命題 19.1 の複素ベクトル版を定式化するために，「共役転置行列」を導入する：

> **定義 19.2** n 次複素行列 $A = (a_{ij})$ に対し，その「**共役転置行列**」A^* とは，等式
> $$A^* = \overline{{}^t A}$$
> によって定義される行列である．したがって，A^* の (i,j) 成分は $\overline{a_{ji}}$ である．

これによって，先ほどの命題 19.1 の複素ベクトル版が次のように定式化される：

> **命題 19.3** n 次複素行列 A とベクトル $\boldsymbol{x}, \boldsymbol{y} \in \mathbf{C}^n$ に対し
> $$(A\boldsymbol{x}, \boldsymbol{y}) = (\boldsymbol{x}, A^* \boldsymbol{y})$$
> が成り立つ．ただし，内積は 17.5 節で定義された複素ベクトルの内積である．

注意 この命題の証明も，命題 19.1 の証明とほぼ同様である．

19.3 対称行列

まず，対称行列の定義からはじめる：

> **定義 19.4** n 次行列 A が等式
> $$\,^t A = A$$
> をみたしているとき，「A は**対称行列**である」という．

たとえば，

$$A = \begin{pmatrix} 1 & 2 & 3 \\ 4 & 5 & 6 \\ 7 & 8 & 9 \end{pmatrix}$$

は対称行列ではない. なぜなら

$$^tA = \begin{pmatrix} 1 & 4 & 7 \\ 2 & 5 & 8 \\ 3 & 6 & 9 \end{pmatrix}$$

であって，もとの A とは等しくないからである. 一方，

$$A = \begin{pmatrix} 1 & 2 & 3 \\ 2 & 4 & 5 \\ 3 & 5 & 6 \end{pmatrix}$$

は対称行列である. ^tA と A が等しいからである.

　ここで，成分がすべて実数の対称行列を「実対称行列」とよぶ. この実対称行列に関して，以下の2つの重要な命題が成り立つ:

　(1)「その固有値はすべて実数である」

　(2)「異なる固有値に関する固有ベクトルは直交する」

この後の2つの項で，それぞれの証明を与えよう.

●対称行列の固有値

　ここでは，上記に述べた (1) の証明を与える.

命題 19.5　実対称行列の固有値はすべて実数である.

[証明]　A が n 次実対称行列，$\lambda \in \mathbf{C}$ がその固有値，λ に関する固有ベクトルを $\boldsymbol{x} \in \mathbf{C}^n$ とする. このとき，

$$A\boldsymbol{x} = \lambda\boldsymbol{x} \tag{19.1}$$

であるから，

$$
\begin{aligned}
(A\boldsymbol{x}, \boldsymbol{x}) &= (\lambda\boldsymbol{x}, \boldsymbol{x}) \quad (\Leftarrow (19.1)) \\
&= \overline{\lambda}(\boldsymbol{x}, \boldsymbol{x}) \quad (\Leftarrow \text{命題 17.7 の (2–1)}) \\
&= \overline{\lambda}\|\boldsymbol{x}\|
\end{aligned}
$$

である. 一方，命題 19.3 と，A が実対称行列である，ということを用いると

$$(A\boldsymbol{x}, \boldsymbol{x}) = (\boldsymbol{x}, A^*\boldsymbol{x}) \quad (\Leftarrow \text{命題 19.3})$$

$$= (\boldsymbol{x}, \overline{{}^tA}\boldsymbol{x}) \quad (\Leftarrow \text{定義 19.2})$$

$$= (\boldsymbol{x}, {}^tA\boldsymbol{x}) \quad (\Leftarrow A \text{ の成分は実数})$$

$$= (\boldsymbol{x}, A\boldsymbol{x}) \quad (\Leftarrow A \text{ は対称行列})$$

$$= (\boldsymbol{x}, \lambda\boldsymbol{x}) \quad (\Leftarrow (19.1))$$

$$= \lambda(\boldsymbol{x}, \boldsymbol{x}) \quad (\Leftarrow \text{命題 17.7 の (2–2)})$$

$$= \lambda \|\boldsymbol{x}\|$$

となる. 上の 2 つの計算結果は等しいはずだから

$$\overline{\lambda} \|\boldsymbol{x}\| = \lambda \|\boldsymbol{x}\| \Rightarrow (\overline{\lambda} - \lambda) \|\boldsymbol{x}\| = 0$$

$$\Rightarrow \overline{\lambda} - \lambda = 0 \quad (\Leftarrow \|\boldsymbol{x}\| \neq 0 \text{ だから})$$

$$\Rightarrow \overline{\lambda} = \lambda$$

$$\Rightarrow \lambda \text{ は実数}$$

となって, 証明が完成する. □

注意　一般に, 与えられた n 次方程式が実数解しかもたないかどうか, の判定はけっして容易ではない. したがって, この命題は実対称行列の本質を表しているとともに, その証明は複素ベクトルの内積の基本的な性質だけでできており, 内積の重要性も表している. 以下で与える (2) の証明でも, 内積が重要な役割を果たすことになる.

●対称行列の固有ベクトルの直交性

命題 19.5 で示されたように, 実対称行列の固有値はすべて実数であるから, その固有ベクトルもすべて実ベクトルをとることができるので, 以降, 行列もベクトルも成分は実数として話を進める. 内積も実ベクトルの内積である.

ここでは, p.131 で述べた (2) の性質を考察していこう.

命題 19.6　対称行列の異なる固有値に関する固有ベクトルは直交する. すなわち, A が対称行列であり,

$$A\boldsymbol{x} = \lambda\boldsymbol{x}, \tag{19.2}$$

$$A\boldsymbol{y} = \mu\boldsymbol{y} \tag{19.3}$$

で $\lambda \neq \mu$ であったとすると, 必ず $(\boldsymbol{x}, \boldsymbol{y}) = 0$ となる.

134

[証明]　内積 $(A\boldsymbol{x}, \boldsymbol{y})$ を 2 通りのやり方で計算していく．まず (19.2) より

$$(A\boldsymbol{x}, \boldsymbol{y}) = (\lambda\boldsymbol{x}, \boldsymbol{y}) = \lambda(\boldsymbol{x}, \boldsymbol{y})$$

である．一方，命題 19.1 と，A が対称行列である，ということを用いると

$$(A\boldsymbol{x}, \boldsymbol{y}) = (\boldsymbol{x}, {}^{t}A\boldsymbol{y}) \quad (\Leftarrow 命題 19.1)$$
$$= (\boldsymbol{x}, A\boldsymbol{y}) \quad (\Leftarrow A は対称行列)$$
$$= (\boldsymbol{x}, \mu\boldsymbol{y}) \quad (\Leftarrow (19.3))$$
$$= \mu(\boldsymbol{x}, \boldsymbol{y}) \quad (\Leftarrow 命題 17.4 の (2\text{--}2))$$

となる．上の 2 つの計算結果は等しいはずだから

$$\lambda(\boldsymbol{x}, \boldsymbol{y}) = \mu(\boldsymbol{x}, \boldsymbol{y}) \Rightarrow (\lambda - \mu)(\boldsymbol{x}, \boldsymbol{y}) = 0$$
$$\Rightarrow (\boldsymbol{x}, \boldsymbol{y}) = 0 \quad (\Leftarrow \lambda \neq \mu だから)$$

となって，証明が完成する． □

19.4　グラム行列

> **命題 19.7**　n 次行列 A の第 i 列のつくる列ベクトルを $\boldsymbol{a}_i$ とすると，次の等式が成り立つ：
> $$({}^{t}AA の (i, j) 成分) = (\boldsymbol{a}_i, \boldsymbol{a}_j)$$

[証明]　一般に，2 つの n 次行列 $X = (x_{ij})$ と $Y = (y_{ij})$ の積 XY の (i, j) 成分は

$$\sum_{k=1}^{n} x_{ik}y_{kj} \tag{19.4}$$

であった．ここで転置行列 ${}^{t}A$ の (i, j) 成分は a_{ji} であったから，積 ${}^{t}AA$ の (i, j) 成分は (19.4) によって

$$\sum_{k=1}^{n} a_{ki}a_{kj}$$

となり，これは内積 $(\boldsymbol{a}_i, \boldsymbol{a}_j)$ に等しい． □

　ここででてきた，内積 $(\boldsymbol{a}_i, \boldsymbol{a}_j)$ を (i, j) 成分とする行列を「行列 A の**グラム行列**」とよび，記号で

$$G(\boldsymbol{a}_1, \boldsymbol{a}_2, \cdots, \boldsymbol{a}_n)$$

と表す. したがって上の命題は

$$^tAA = G(\boldsymbol{a}_1, \boldsymbol{a}_2, \cdots, \boldsymbol{a}_n) \tag{19.5}$$

という等式として表すことができる. この左辺の行列式は

$$\det(^tAA) = (\det {}^tA)(\det A) \qquad (\Leftarrow 第 8 章, 命題 8.2)$$

$$= (\det A)^2 \qquad (\Leftarrow 第 8 章, 命題 8.4)$$

となるから, (19.5) より次の命題が得られる:

命題 19.8 $\mathbf{R}^n$ の n 個のベクトル $\boldsymbol{a}_1, \boldsymbol{a}_2, \cdots, \boldsymbol{a}_n$ に対して

$$\det G(\boldsymbol{a}_1, \boldsymbol{a}_2, \cdots, \boldsymbol{a}_n) = (\det A)^2 \tag{19.6}$$

この命題から, 次の「1 次独立性の判定法」も得られる. これは実際に応用されることも多い:

命題 19.9 $\mathbf{R}^n$ の n 個のベクトル $\boldsymbol{a}_1, \boldsymbol{a}_2, \cdots, \boldsymbol{a}_n$ に対して, 次の同値が成り立つ:

「$\boldsymbol{a}_1, \boldsymbol{a}_2, \cdots, \boldsymbol{a}_n$ が 1 次独立」 $\Longleftrightarrow \det G(\boldsymbol{a}_1, \boldsymbol{a}_2, \cdots, \boldsymbol{a}_n) \neq 0$

じつは, この命題は, 次のように $\mathbf{R}^n$ の k 個のベクトル ($k < n$) の場合についても一般化できる (証明は省略):

命題 19.10 $\mathbf{R}^n$ の k 個 ($k < n$) のベクトル $\boldsymbol{a}_1, \boldsymbol{a}_2, \cdots, \boldsymbol{a}_k$ に対して, 次の同値が成り立つ:

「$\boldsymbol{a}_1, \boldsymbol{a}_2, \cdots, \boldsymbol{a}_k$ が 1 次独立」 $\Longleftrightarrow \det G(\boldsymbol{a}_1, \boldsymbol{a}_2, \cdots, \boldsymbol{a}_k) \neq 0$

19.5 直交行列と正規直交基底

定義 19.11 n 次行列 P が等式

$$^tPP = E_n \tag{19.7}$$

をみたすとき,「P は**直交行列**である」という.

この等式 (19.7) によれば，直交行列 P について

「P の逆行列は ^tP である」

すなわち，

「P が直交行列 $\iff P^{-1} = P$」

ということになる．これは，直交行列の逆行列を求めるためには，単にその行列の転置行列をつくればよい，ということで，一般の行列の逆行列を第 4 章のように基本変形で苦労して求めたのと違って，きわめて簡単である．

例 19.1　θ がどのような実数であっても，行列

$$R_\theta = \begin{pmatrix} \cos\theta & -\sin\theta \\ \sin\theta & \cos\theta \end{pmatrix}$$

は直交行列である．なぜなら

$$
\begin{aligned}
{}^tR_\theta R_\theta &= \begin{pmatrix} \cos\theta & \sin\theta \\ -\sin\theta & \cos\theta \end{pmatrix} \begin{pmatrix} \cos\theta & -\sin\theta \\ \sin\theta & \cos\theta \end{pmatrix} \\
&= \begin{pmatrix} \cos^2\theta + \sin^2\theta & -\cos\theta\sin\theta + \sin\theta\cos\theta \\ -\sin\theta\cos\theta + \cos\theta\sin\theta & \sin^2\theta + \cos^2\theta \end{pmatrix} \\
&= \begin{pmatrix} 1 & 0 \\ 0 & 1 \end{pmatrix}
\end{aligned}
$$

となって等式 (19.7) をみたすからである．　　　　　　　　　　□

直交行列の重要性は，次の命題に集約される：

命題 19.12　n 次直交行列 P と，任意のベクトル $\boldsymbol{x}, \boldsymbol{y} \in \mathbf{R}^n$ に対して，次の性質が成り立つ：

(1) $(P\boldsymbol{x}, P\boldsymbol{y}) = (\boldsymbol{x}, \boldsymbol{y})$

(2) $||P\boldsymbol{x}|| = ||\boldsymbol{x}||$

[証明]　(1) 左辺を計算していくと

$$
\begin{aligned}
(P\boldsymbol{x}, P\boldsymbol{y}) &= (\boldsymbol{x}, {}^tPP\boldsymbol{y}) && (\Leftarrow \text{命題 19.1}) \\
&= (\boldsymbol{x}, E_n\boldsymbol{y}) && (\Leftarrow \text{定義 19.11}) \\
&= (\boldsymbol{x}, \boldsymbol{y}) && (\Leftarrow \text{単位行列の性質})
\end{aligned}
$$

となって，証明が終わる．

(2) (1) の両辺で $\boldsymbol{y}$ を $\boldsymbol{x}$ と等しいとすると，左辺は

$$(P\boldsymbol{x}, P\boldsymbol{x}) = ||P\boldsymbol{x}||^2,$$

右辺は

$$(\boldsymbol{x}, \boldsymbol{x}) = ||\boldsymbol{x}||^2$$

となるから，

$$||P\boldsymbol{x}||^2 = ||\boldsymbol{x}||^2$$

であり，長さは 0 以上の実数だから (2) が成り立つ． □

次の命題は，直交行列の標準的な構成法を与えている：

命題 19.13 n 次行列 P の第 i 列のベクトルを $\boldsymbol{p}_i$ $(1 \leq i \leq n)$ とすると，次の同値が成り立つ：

$$P \text{ が直交行列} \iff \boldsymbol{p}_1, \boldsymbol{p}_2, \cdots, \boldsymbol{p}_n \text{ が正規直交基底}$$

[証明]　次のようにして同値な変形をしていくことができる：

P が直交行列 $\iff {}^tPP = E_n$　　（⇐ 直交行列の定義）

$$\iff {}^tPP \text{ の } (i,j) \text{ 成分} = \begin{cases} 1, & i = j \text{ のとき} \\ 0, & i \neq j \text{ のとき} \end{cases}$$

（⇐ 単位行列がこうなっているから）

$$\iff (\boldsymbol{p}_i, \boldsymbol{p}_j) = \begin{cases} 1, & i = j \text{ のとき} \\ 0, & i \neq j \text{ のとき} \end{cases}$$　　（⇐ 命題 19.7）

$$\iff \boldsymbol{p}_1, \boldsymbol{p}_2, \cdots, \boldsymbol{p}_n \text{ が正規直交基底}$$

（⇐ 正規直交基底の定義）

したがって，証明が完成した． □

この命題を一言でいえば

　　　「直交行列とは，正規直交基底を並べたものである」

ということになる．

19.6 エルミート行列とユニタリ行列 *

複素ベクトルの場合は，対称行列が「エルミート行列」，直交行列が「ユニタリ行列」というものに対応する：

> **定義 19.14** 正方行列 A が
> $$A^* = A$$
> をみたしているとき，「A は**エルミート行列**である」という．

命題 19.6 は，そのままエルミート行列に関する命題になる：

> **命題 19.15** エルミート行列の異なる固有値に関する固有ベクトルは直交する．

直交行列の定義 19.11 は，転置行列のところが共役転置行列に変わって，次の定義に対応する：

> **定義 19.16** n 次行列 A が
> $$A^*A = E_n$$
> をみたしているとき，「A は**ユニタリ行列**である」という．

そして，命題 19.13 はユニタリ行列に関する命題になる：

> **命題 19.17** n 次行列 P の第 i 列のベクトルを $\boldsymbol{p}_i$ $(1 \leq i \leq n)$ とすると，次の同値が成り立つ：
> $$P \text{ がユニタリ行列} \iff \boldsymbol{p}_1, \boldsymbol{p}_2, \cdots, \boldsymbol{p}_n \text{ が正規直交基底}$$

第19章の練習問題

1. 次の行列 A について，命題 19.7 を用いて ${}^t A A$ を求めよ.

(1) $A = \begin{pmatrix} 1 & 2 \\ 3 & 4 \end{pmatrix}$ (2) $A = \begin{pmatrix} 1 & 3 & 2 \\ 2 & -1 & 1 \\ 1 & -1 & 5 \end{pmatrix}$ (3) $A = \begin{pmatrix} 1 & 2 & 3 \\ 2 & 3 & 1 \\ 3 & 1 & 2 \end{pmatrix}$

2. 次の対称行列について，異なる固有値に関する固有ベクトルが互いに直交していることを確かめよ.

(1) $\begin{pmatrix} 1 & 2 \\ 2 & 1 \end{pmatrix}$ (2) $\begin{pmatrix} 2 & -1 \\ -1 & 2 \end{pmatrix}$ (3) $\begin{pmatrix} 1 & 2 & 0 \\ 2 & 3 & 2 \\ 0 & 2 & 1 \end{pmatrix}$

3. 次の行列が直交行列であるように，定数 a, b, c の値を定めよ.

(1) $\begin{pmatrix} a & -\frac{1}{\sqrt{2}} \\ b & \frac{1}{\sqrt{2}} \end{pmatrix}$ (2) $\begin{pmatrix} \frac{1}{\sqrt{3}} & 0 & a \\ \frac{1}{\sqrt{3}} & -\frac{1}{\sqrt{2}} & b \\ \frac{1}{\sqrt{3}} & \frac{1}{\sqrt{2}} & c \end{pmatrix}$

$20.$ 対称行列の直交行列による対角化

　第 14 章で，与えられた行列を対角化する方法を学んだが，対称行列の場合は直交行列によって対角化できる，ということを本章では説明する．

20.1　対称行列の対角化

　直交行列による座標変換は，前章の命題 19.12 でみたように

「ベクトルどうしの内積を変えない」，

「ベクトルの長さを変えない」

という性質をもっており，図形の形自体が保存される，という意味で，幾何的にも重要である．このような事情から，次の定理が大切になってくる：

> **定理 20.1**　対称行列は直交行列によって対角化することができる．すなわち，対称行列 A が与えられたとき，$P^{-1}AP$ が対角行列となるような直交行列 P をみつけることができる．

[証明]　そのような直交行列 P は次の 4 ステップで構成できる：
(1)　A の固有値 $\lambda_1, \lambda_2, \cdots, \lambda_n$ を求める．
(2)　それぞれの固有値に関する固有ベクトル $\boldsymbol{x}_1, \boldsymbol{x}_2, \cdots, \boldsymbol{x}_n$ を求める．
(3)　$\boldsymbol{x}_1, \boldsymbol{x}_2, \cdots, \boldsymbol{x}_n$ にグラム・シュミットの直交化法を適用して正規直交基底 $\boldsymbol{p}_1, \boldsymbol{p}_2, \cdots, \boldsymbol{p}_n$ を求める．
(4)　$P = \begin{pmatrix} \boldsymbol{p}_1 & \boldsymbol{p}_2 & \cdots & \boldsymbol{p}_n \end{pmatrix}$ とおく．

　そうすれば，命題 19.13 によって，P は直交行列であり，自動的に

$$P^{-1}AP = \begin{pmatrix} \lambda_1 & 0 & \cdots & 0 \\ 0 & \lambda_2 & \cdots & 0 \\ \vdots & \vdots & \ddots & \vdots \\ 0 & 0 & \cdots & \lambda_n \end{pmatrix}$$

というように対角化される．　　　　　　　　　　　　　　　　　　　　$\square$

そして，対称行列の異なる固有値に関する固有ベクトルは互いに直交するのであった ($\Leftarrow$ 命題 19.6) から，実際の計算は以下の例題でみるように，もっと簡単になる．

例題 20.1 対称行列 $A = \begin{pmatrix} 1 & 3 & 0 \\ 3 & 1 & 4 \\ 0 & 4 & 1 \end{pmatrix}$ を直交行列によって対角化せよ．

[**解**] (1) まず，A の固有値を求める．それは第 13 章でやったように

$$
\det(\lambda E - A) = \det \begin{pmatrix} \lambda - 1 & -3 & 0 \\ -3 & \lambda - 1 & -4 \\ 0 & -4 & \lambda - 1 \end{pmatrix}
$$
$$
= (\lambda - 1)^3 - 25(\lambda - 1)
$$
$$
= (\lambda - 1)(\lambda - 6)(\lambda + 4) = 0
$$

より，$\lambda = 1, 6, -4$ となる．

(2) それぞれの固有値に関する固有ベクトルを求める．(α, β, γ はパラメータ)

(2–1) $\lambda = 1$ のとき：

$$
\begin{pmatrix} 0 & -3 & 0 \\ -3 & 0 & -4 \\ 0 & -4 & 0 \end{pmatrix} \begin{pmatrix} x \\ y \\ z \end{pmatrix} = \begin{pmatrix} 0 \\ 0 \\ 0 \end{pmatrix} \text{ より，} \begin{pmatrix} x \\ y \\ z \end{pmatrix} = \alpha \begin{pmatrix} 4 \\ 0 \\ -3 \end{pmatrix} \quad (\alpha \neq 0)
$$

(2–2) $\lambda = 6$ のとき：

$$
\begin{pmatrix} 5 & -3 & 0 \\ -3 & 5 & -4 \\ 0 & -4 & 5 \end{pmatrix} \begin{pmatrix} x \\ y \\ z \end{pmatrix} = \begin{pmatrix} 0 \\ 0 \\ 0 \end{pmatrix} \text{ より，} \begin{pmatrix} x \\ y \\ z \end{pmatrix} = \beta \begin{pmatrix} 3 \\ 5 \\ 4 \end{pmatrix} \quad (\beta \neq 0)
$$

(2–3) $\lambda = -4$ のとき：

$$
\begin{pmatrix} -5 & -3 & 0 \\ -3 & -5 & -4 \\ 0 & -4 & -5 \end{pmatrix} \begin{pmatrix} x \\ y \\ z \end{pmatrix} = \begin{pmatrix} 0 \\ 0 \\ 0 \end{pmatrix} \text{ より，} \begin{pmatrix} x \\ y \\ z \end{pmatrix} = \gamma \begin{pmatrix} 3 \\ -5 \\ 4 \end{pmatrix} \quad (\gamma \neq 0)
$$

(3) 上で求めた固有ベクトルを

$$
\boldsymbol{x}_1 = \begin{pmatrix} 4 \\ 0 \\ -3 \end{pmatrix}, \quad \boldsymbol{x}_2 = \begin{pmatrix} 3 \\ 5 \\ 4 \end{pmatrix}, \quad \boldsymbol{x}_3 = \begin{pmatrix} 3 \\ -5 \\ 4 \end{pmatrix}
$$

とおき，グラム・シュミットの直交化法を適用するのだが，これらは対称行列

A の異なる固有値 $\lambda = 1, 6, -4$ に関する固有ベクトルだから,命題 19.6 より互いに直交している.したがって,その直交化法の命題 18.1 のステップ 2–1) と 3–1) は不要で,単にそれぞれの長さで割っていくだけでよい:

$$p_1 = \frac{1}{||x_1||} x_1 = \frac{1}{\sqrt{4^2 + 0^2 + (-3)^2}} \begin{pmatrix} 4 \\ 0 \\ -3 \end{pmatrix} = \frac{1}{5} \begin{pmatrix} 4 \\ 0 \\ -3 \end{pmatrix},$$

$$p_2 = \frac{1}{||x_2||} x_2 = \frac{1}{\sqrt{3^2 + 5^2 + 4^2}} \begin{pmatrix} 3 \\ 5 \\ 4 \end{pmatrix} = \frac{1}{5\sqrt{2}} \begin{pmatrix} 3 \\ 5 \\ 4 \end{pmatrix},$$

$$p_3 = \frac{1}{||x_3||} x_3 = \frac{1}{\sqrt{3^2 + (-5)^2 + 4^2}} \begin{pmatrix} 3 \\ -5 \\ 4 \end{pmatrix} = \frac{1}{5\sqrt{2}} \begin{pmatrix} 3 \\ -5 \\ 4 \end{pmatrix}$$

(4) これらを並べて

$$P = \begin{pmatrix} \frac{4}{5} & \frac{3}{5\sqrt{2}} & \frac{3}{5\sqrt{2}} \\ 0 & \frac{1}{\sqrt{2}} & -\frac{1}{\sqrt{2}} \\ -\frac{3}{5} & \frac{4}{5\sqrt{2}} & \frac{4}{5\sqrt{2}} \end{pmatrix}$$

とおけば $P^{-1}AP = \begin{pmatrix} 1 & 0 & 0 \\ 0 & 6 & 0 \\ 0 & 0 & -4 \end{pmatrix}$ となる. □

次の例題は,固有方程式が重解をもつ場合の処理の方法を与える:

例題 20.2 対称行列 $A = \begin{pmatrix} 2 & 1 & 1 \\ 1 & 2 & 1 \\ 1 & 1 & 2 \end{pmatrix}$ を直交行列によって対角化せよ.

[解] (1) まず A の固有値を求めると

$$\det(\lambda E - A) = \det \begin{pmatrix} \lambda - 2 & -1 & -1 \\ -1 & \lambda - 2 & -1 \\ -1 & -1 & \lambda - 2 \end{pmatrix}$$
$$= (\lambda - 2)^3 - 2 - 3(\lambda - 2)$$
$$= (\lambda - 1)^2 (\lambda - 4) = 0$$

より,$\lambda = 1$ (重解), 4 となる.

(2) それぞれの固有値に関する固有ベクトルを求める．その際，最初に重解のほうの固有値から考えたほうが，後で計算が楽になる．

(2–1) $\lambda = 1$ のとき：

$$
\begin{pmatrix} -1 & -1 & -1 \\ -1 & -1 & -1 \\ -1 & -1 & -1 \end{pmatrix} \begin{pmatrix} x \\ y \\ z \end{pmatrix} = \begin{pmatrix} 0 \\ 0 \\ 0 \end{pmatrix}
$$

より，α, β をパラメータとして，

$$
\begin{pmatrix} x \\ y \\ z \end{pmatrix} = \alpha \begin{pmatrix} -1 \\ 1 \\ 0 \end{pmatrix} + \beta \begin{pmatrix} -1 \\ 0 \\ 1 \end{pmatrix} \quad ((\alpha, \beta) \neq (0,0))
$$

となる．(このように重解のときは，パラメータが 2 つになる．)

(2–2) $\lambda = 4$ のとき：

$$
\begin{pmatrix} 2 & -1 & -1 \\ -1 & 2 & -1 \\ -1 & -1 & 2 \end{pmatrix} \begin{pmatrix} x \\ y \\ z \end{pmatrix} = \begin{pmatrix} 0 \\ 0 \\ 0 \end{pmatrix}
$$

より，γ をパラメータとして，

$$
\begin{pmatrix} x \\ y \\ z \end{pmatrix} = \gamma \begin{pmatrix} 1 \\ 1 \\ 1 \end{pmatrix} \quad (\gamma \neq 0)
$$

(3) 上で求めた固有ベクトルを

$$
\boldsymbol{x}_1 = \begin{pmatrix} -1 \\ 1 \\ 0 \end{pmatrix}, \quad \boldsymbol{x}_2 = \begin{pmatrix} -1 \\ 0 \\ 1 \end{pmatrix}, \quad \boldsymbol{x}_3 = \begin{pmatrix} 1 \\ 1 \\ 1 \end{pmatrix}
$$

とおき，グラム・シュミットの直交化法を適用する．まず

$$
\boldsymbol{p}_1 = \frac{1}{\|\boldsymbol{x}_1\|} \boldsymbol{x}_1 = \frac{1}{\sqrt{2}} \begin{pmatrix} -1 \\ 1 \\ 0 \end{pmatrix}
$$

となる．次のステップは

$$
\boldsymbol{x}_2' = \boldsymbol{x}_2 - (\boldsymbol{x}_2, \boldsymbol{p}_1)\boldsymbol{p}_1
$$

$$
= \begin{pmatrix} -1 \\ 0 \\ 1 \end{pmatrix} - \left(\begin{pmatrix} -1 \\ 0 \\ 1 \end{pmatrix}, \frac{1}{\sqrt{2}} \begin{pmatrix} -1 \\ 1 \\ 0 \end{pmatrix} \right) \cdot \frac{1}{\sqrt{2}} \begin{pmatrix} -1 \\ 1 \\ 0 \end{pmatrix}
$$

144

$$= \begin{pmatrix} -1 \\ 0 \\ 1 \end{pmatrix} - \frac{1}{2}\begin{pmatrix} -1 \\ 1 \\ 0 \end{pmatrix} = \begin{pmatrix} -\frac{1}{2} \\ -\frac{1}{2} \\ 1 \end{pmatrix} = \frac{1}{2}\begin{pmatrix} -1 \\ -1 \\ 2 \end{pmatrix}$$

よって

$$p_2 = \frac{1}{||x'_2||}x'_2 = \frac{1}{\sqrt{6}}\begin{pmatrix} -1 \\ -1 \\ 2 \end{pmatrix}$$

となる．これで $\lambda = 1$ の場合ができて，あとは $\lambda = 4$ の場合だが，これに関する固有ベクトルは命題 19.6 より，$\lambda = 1$ に関する固有ベクトルと直交しているから，p_3 は単に x_3 を長さで割るだけでよく，

$$p_3 = \frac{1}{||x_3||}x_3 = \frac{1}{\sqrt{3}}\begin{pmatrix} 1 \\ 1 \\ 1 \end{pmatrix}$$

となる．

(4) これらを並べて

$$P = \begin{pmatrix} -\frac{1}{\sqrt{2}} & -\frac{1}{\sqrt{6}} & \frac{1}{\sqrt{3}} \\ \frac{1}{\sqrt{2}} & -\frac{1}{\sqrt{6}} & \frac{1}{\sqrt{3}} \\ 0 & \frac{2}{\sqrt{6}} & \frac{1}{\sqrt{3}} \end{pmatrix}$$

とおけば

$$P^{-1}AP = \begin{pmatrix} 1 & 0 & 0 \\ 0 & 1 & 0 \\ 0 & 0 & 4 \end{pmatrix}$$

となる．□

20.2 エルミート行列の対角化 *

複素数行列のときは，定理 20.1 は次のようになる：

定理 20.2 エルミート行列はユニタリ行列によって対角化することができる．すなわち，エルミート行列 A が与えられたとき，$P^{-1}AP$ が対角行列となるようなユニタリ行列 P をみつけることができる．

そのみつけ方は定理 20.1 の証明で述べたのとまったく同じで，

(1) A の固有値 $\lambda_1, \lambda_2, \cdots, \lambda_n$ を求める．

(2) それぞれの固有値に関する固有ベクトル $\boldsymbol{x}_1, \boldsymbol{x}_2, \cdots, \boldsymbol{x}_n$ を求める．

(3) $\boldsymbol{x}_1, \boldsymbol{x}_2, \cdots, \boldsymbol{x}_n$ にグラム・シュミットの直交化法を適用して正規直交基底 $\boldsymbol{p}_1, \boldsymbol{p}_2, \cdots, \boldsymbol{p}_n$ を求める．

(4) $P = \begin{pmatrix} \boldsymbol{p}_1 & \boldsymbol{p}_2 & \cdots & \boldsymbol{p}_n \end{pmatrix}$ とおく．

そうすれば，命題 19.17 によって，P はユニタリ行列であり，自動的に

$$
P^{-1}AP = \begin{pmatrix} \lambda_1 & 0 & \cdots & 0 \\ 0 & \lambda_2 & \cdots & 0 \\ \vdots & \vdots & \ddots & \vdots \\ 0 & 0 & \cdots & \lambda_n \end{pmatrix}
$$

というように対角化される．

第 20 章の練習問題

1. 次の対称行列 A を直交行列 P によって対角化せよ．

(1) $\begin{pmatrix} 2 & 3 \\ 3 & 2 \end{pmatrix}$ (2) $\begin{pmatrix} -1 & 4 \\ 4 & 5 \end{pmatrix}$

(3) $\begin{pmatrix} 1 & 1 & 2 \\ 1 & 2 & 1 \\ 2 & 1 & 1 \end{pmatrix}$ (4) $\begin{pmatrix} 0 & -1 & -1 \\ -1 & 0 & -1 \\ -1 & -1 & 0 \end{pmatrix}$

2. 次の対称行列 A を直交行列 P によって対角化せよ．ただし，a は実数である．

(1) $\begin{pmatrix} 1 & a \\ a & 1 \end{pmatrix}$ (2) $\begin{pmatrix} 0 & a & a \\ a & 0 & a \\ a & a & 0 \end{pmatrix}$

$A.$ 補遺：さまざまな応用例

A.1 行列のベキ乗：Google のページランク

第 13 章で行列の固有値，第 14 章で行列のベキ乗を学んだが，これらがじつは Google の検索エンジンの原理となっていることはあまり知られていない[1]．線形代数の固有値・固有ベクトルが，世界中のインターネットで瞬時に検索できる技術を陰で支えている，ということをみていこう[2]．

たとえば，以下の図のような 4 つのページがあったとしよう：

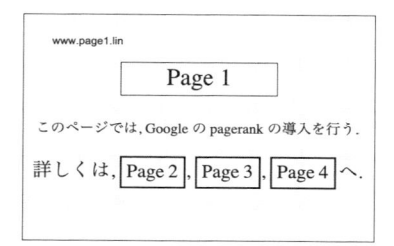 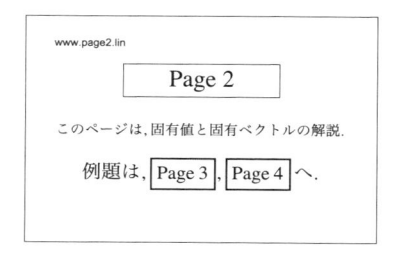

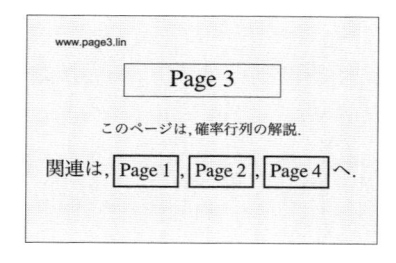 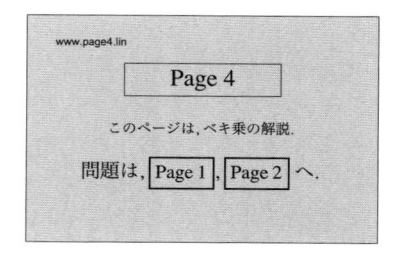

図 A.1 ホームページの例

---

1) たとえば，整数の素因数分解の性質が通信の安全を保証する暗号の基礎理論に使われていたり，連立 2 次方程式の解法が GPS の原理として採用されていたり，数学の基本的な知識が現在の私たちの生活を知らないところで支えている場面は数多くある．

2) A.N. Langville, C.D. Meyer, "Google's PageRank and Beyond", Princeton University Press, 2012 を参照した．

それぞれのページから張られているリンクを矢
印で結ぶと図 A.2 のようなグラフができあがる.
たとえば Page 1 からは Page 2 と Page 3 と
Page 4 へのリンクがあるので，右上の頂点「1」
からは，頂点「2」と頂点「3」と頂点「4」に矢
印が描かれ，他の頂点についても，そのページ
からリンクされているページに向かう矢印が描
き込まれている.

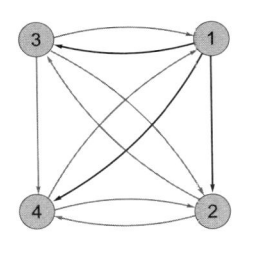

図 A.2 対応するグラフ

　次に，このグラフから次のルールで行列 $A = (a_{ij})$ をつくる：

$$a_{ij} = \begin{cases} 1, & \text{頂点「}j\text{」から頂点「}i\text{」へ向かう矢印があるとき,} \\ 0, & \text{そうでないとき} \end{cases}$$

注意　この行列はグラフ理論において「**隣接行列**」とよばれ，グラフのいろいろな性質
を代数的な観点から研究する際の必須の道具である.

　その結果 A は，次の行列になる：

$$A = \begin{pmatrix} 0 & 0 & 1 & 1 \\ 1 & 0 & 1 & 1 \\ 1 & 1 & 0 & 0 \\ 1 & 1 & 1 & 0 \end{pmatrix}$$

これを基にして，ページの重要度を示す指標「**ページランク**」を計算するために，

　　　「各ページの重要度が，そこから張られているリンクに
　　　　等しい割合で分配される」

とみなす．たとえば，頂点「1」からは「2」と「3」と「4」へリンクがあるか
ら，頂点「1」のページランクの $\frac{1}{3}$ ずつが「2」と「3」と「4」に付与される．
これを行列で表すためには，上の行列 A の各列にその列にある「1」の個数分
の 1 を掛けて新しい行列 P をつくればよい：

$$P = \begin{pmatrix} 0 & 0 & \frac{1}{3} & \frac{1}{2} \\ \frac{1}{3} & 0 & \frac{1}{3} & \frac{1}{2} \\ \frac{1}{3} & \frac{1}{2} & 0 & 0 \\ \frac{1}{3} & \frac{1}{2} & \frac{1}{3} & 0 \end{pmatrix} \tag{A.1}$$

そこで初期状態を表すベクトル $\boldsymbol{v}_0$ を

$$\boldsymbol{v}_0 = \begin{pmatrix} \frac{1}{4} \\ \frac{1}{4} \\ \frac{1}{4} \\ \frac{1}{4} \end{pmatrix} = \begin{pmatrix} 0.25 \\ 0.25 \\ 0.25 \\ 0.25 \end{pmatrix}$$

とおき，行列 P を $\boldsymbol{v}_0$ に何度も掛けていくと，$P\boldsymbol{v}_0 = \begin{pmatrix} 0.215 \\ 0.285 \\ 0.215 \\ 0.285 \end{pmatrix}$, $P^2\boldsymbol{v}_0 = $

$\begin{pmatrix} 0.214 \\ 0.286 \\ 0.214 \\ 0.286 \end{pmatrix}$, $P^3\boldsymbol{v}_0 = \begin{pmatrix} 0.214 \\ 0.286 \\ 0.214 \\ 0.286 \end{pmatrix}$, $\cdots$ というように P を 3 回も掛けるとほぼ

安定し，$P^k\boldsymbol{v}_0$ が $k \to \infty$ のとき，

$$\begin{pmatrix} 0.214 \\ 0.286 \\ 0.214 \\ 0.286 \end{pmatrix} \fallingdotseq \begin{pmatrix} \frac{3}{14} \\ \frac{2}{7} \\ \frac{3}{14} \\ \frac{2}{7} \end{pmatrix} \tag{A.2}$$

に収束すると推測される．

　　「このベクトルの各成分がそれぞれのページの重要度である」

というのが Google の検索エンジンの基本的な考え方である[3]．

　したがってページランクには，行列 P のベキ乗が深くかかわってくる．そしてベキ乗を求めるためには，その固有値と固有ベクトルが必要だが，実際に P の 4 つの固有値は絶対値が大きい順に

$$\lambda_1 = 1, \ \lambda_2 = -\frac{1}{2}, \ \lambda_3 = -\frac{1}{3}, \ \lambda_4 = -\frac{1}{6} \tag{A.3}$$

であり，固有値 $\lambda_1 = 1$ に関する固有ベクトルのうち成分の和が 1 になるものは

$$\begin{pmatrix} \frac{3}{14} \\ \frac{2}{7} \\ \frac{3}{14} \\ \frac{2}{7} \end{pmatrix}$$

しかなく，(A.2) の極限値と一致している！

---

3)　これは Lawrence Page と Sergey Brin によって提案されたアルゴリズムであり，提案者の名前にちなんで現在では「ページランク (Page rank)」とよばれている．（「ページランク」は1998 年に Google の商標となった．）

　この現象は偶然ではなく,「ペロン・フロベニウスの定理」によって成り立つことが保証される. 以下, この定理とページランクのつながりを説明していこう. そのためにいくつかの用語を導入する:

定義 A.1　(1) 列ベクトルのすべての成分が 0 以上で, 和が 1 になるとき**確率ベクトル**という.

　(2) すべての列が確率ベクトルであるような正方行列を**確率行列**という.

　(3) すべての成分が正の確率行列を**正確率行列**という.

　たとえば, 上の (A.1) の行列 P は確率行列の例である. そして (A.3) でみたように「1」は P の固有値であり, 他の固有値の絶対値はすべて 1 以下である. これはじつは一般的な現象で, 次の命題が成り立つ:

命題 A.2　A が確率行列ならば,「1」は A の固有値であり, すべての固有値の絶対値は 1 以下である.

　証明には, 第 8 章の命題 8.4 の等式「$\det {}^t\!A = \det A$」から, ${}^t\!A$ の固有値の集合と A の固有値の集合は一致することが導かれ, さらに ${}^t\!A$ の各行の和は 1 になる ($\Leftarrow A$ の各列の和が 1 だから) ことから, すべての成分が 1 のベクトルが ${}^t\!A$ の固有ベクトルになる, という論法が用いられる.

　そして, ペロン・フロベニウスの定理が次のように定式化される:

定理 A.3 (ペロン・フロベニウスの定理)　M が正確率行列ならば M の最大の固有値は 1 であり, その重複度は 1 である. したがって, 固有値 1 に関する固有ベクトルとなる確率ベクトル $\boldsymbol{w}$ がただ一つ存在し, 任意の確率ベクトル $\boldsymbol{v}_0$ に対して　$\boldsymbol{v}_k = A^k \boldsymbol{v}_0$　とおくと

$$\lim_{k \to \infty} \boldsymbol{v}_k = \boldsymbol{w}$$

が成り立つ.

　最初の例の行列は 0 の成分もあるので正確率行列ではないが, じつは図 A.2 のグラフは

　(A) 強連結である. すなわち任意の頂点 a から任意の頂点 b へ矢印に

150

沿って行く道がある.

(B) sink (⇐ 出ていく矢印がない頂点) をもたない.

という 2 つの性質をもっていることから, ペロン・フロベニウスの定理が成り立つことが保証されている. これが, 最初の例の極限値が固有値 1 の固有ベクトルだった理由である.

したがって, ページランクを求めるためには次の 2 つの方法がある:

(I) P の固有値 1 の固有ベクトルを求めて, その成分の和で割る,

(II) 初期ベクトルに P を安定するまで何度も掛ける.

ページの総数を n とすると, (I) の方法では大体 n^3 に比例するオーダー, (II) の方法では n に比例するオーダーの時間がかかることが知られており, 実際は (II) に基づく方法でページランクが瞬時に計算され, グーグルの検索結果になる.

注意 命題 A.2 を現実のインターネットのページに応用するためには, リンクのつくるグラフが**強連結**である必要があり, 適用範囲が限られてしまう可能性があるのだが, Page と Brin は上のようにつくった行列 P を少し変えて

$$\widetilde{P} = (1-p)P + \frac{p}{n}I$$

という行列を採用することを提案している. ここで p は 0 と 1 のあいだの定数 (大抵は 0.15), n は対象とするページの総数, I はすべての成分が 1 である n 次行列である. P を $\widetilde{P}$ に変えることによって, 対応するグラフが自動的に強連結になり, しかもその他のいくつかの理論的な弱点も克服できる, ということまで彼らは示している. いまではこの $\widetilde{P}$ は「**グーグル行列**」という名前でよばれている.

A.2 「0」と「1」だけの線形代数:ライツアウト[4]

図 A.3 のような 3 × 3 の形に並んだライトがあり, どれかを押すとそのライトと上下左右のライトの状態が変わる:

図は「1, 6, 8, 9」のライトは点灯し,「2, 3, 4, 5, 7」のライトは消灯している状態を表している. このとき, どのような初期状態でも, うまくライトを押してすべて消灯 (lights out) させ

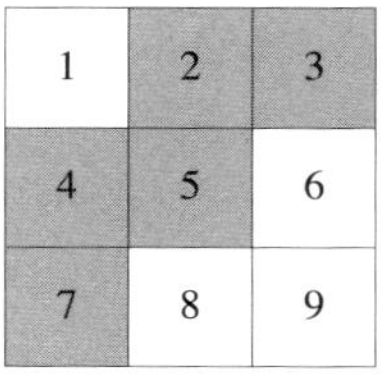

図 A.3 3 × 3 のライツアウト

4) 本節は, M. Anderson, T. Feil, "Turning Lights Out with Linear Algebra", Mathematics Magazine, Vol.71, No.4, pp.300–303 を参照した.

ることができるか，というパズルが「ライツアウト」である．

　これが「mod 2 の世界」の線形代数で解ける，ということをみていこう．ここで「mod 2 の世界」とは，数が「0」と「1」だけしかない集合 $\{0,1\}$ のことで，点灯が「1」，消灯が「0」に対応する．そして加法の演算が

$$0+0=0, \ 0+1=1, \ 1+0=1, \ 1+1=0$$

というルールであり，最初の 3 つは普通の足し算と同じだが，最後のものは，ライトを 2 回押すともとに戻る，という状態を反映したものである．

　まず，2×2 の場合で考え方を説明する．押すと隣りのライトの状態が変わることから次のグラフ A.4 を導入する．

　このグラフの**隣接行列** A（⇐「i」と「j」が結ばれているとき (i,j) 成分が 1，そうでないときは 0，という行列）は

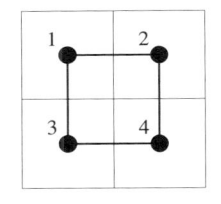

$$A = \begin{pmatrix} 0 & 1 & 1 & 0 \\ 1 & 0 & 0 & 1 \\ 1 & 0 & 0 & 1 \\ 0 & 1 & 1 & 0 \end{pmatrix}$$

図 A.4 2×2 のライツアウトとそのグラフ

であるが，ライトを押すと自分の状態も変わるので，これに単位行列 E_4 を足した行列 $\overline{A} = A + E_4$ を考える：

$$\overline{A} = A + E_4 = \begin{pmatrix} 1 & 1 & 1 & 0 \\ 1 & 1 & 0 & 1 \\ 1 & 0 & 1 & 1 \\ 0 & 1 & 1 & 1 \end{pmatrix}$$

そうすると，たとえば「2」のライトを押すのは，この行列を「2 番目」の単位ベクトル $e_2 = \begin{pmatrix} 0 \\ 1 \\ 0 \\ 0 \end{pmatrix}$ に掛けることで表現できる．実際，

$$\overline{A} \, e_2 = \begin{pmatrix} 1 & 1 & 1 & 0 \\ 1 & 1 & 0 & 1 \\ 1 & 0 & 1 & 1 \\ 0 & 1 & 1 & 1 \end{pmatrix} \begin{pmatrix} 0 \\ 1 \\ 0 \\ 0 \end{pmatrix} = \begin{pmatrix} 1 \\ 1 \\ 0 \\ 1 \end{pmatrix}$$

となっていて，右辺は $e_1 + e_2 + e_4$ であり，「1, 2, 4」のライトの状態が変わったことがわかる．したがって，もし最初に「1, 2, 4」のライトが点灯している状態

で，いまのように「2」を押せば，「1, 2, 4」の状態が変わるので，全部消えてしまうことになり，ライツアウトの完成である．

以上をふまえると，最初のライトの状態が $\boldsymbol{c} = \begin{pmatrix} c_1 \\ c_2 \\ c_3 \\ c_4 \end{pmatrix}$ $(c_1, c_2, c_3, c_4 = 0, 1,$ i 番目のライトの状態が c_i) のときは，等式

$$\overline{A}\,\boldsymbol{x} = \boldsymbol{c} \tag{A.4}$$

をみたすベクトル $\boldsymbol{x} = \begin{pmatrix} x_1 \\ x_2 \\ x_3 \\ x_4 \end{pmatrix}$ を求める，という連立方程式の問題に翻訳される．したがって，$\overline{A}$ の逆行列 $\overline{A}^{-1}$ を求めておけば，どのような初期状態であっても，対応するベクトル $\boldsymbol{c}$ に $\overline{A}^{-1}$ を掛けるだけで，押すべきライトがわかる．

では，$\overline{A}^{-1}$ を第 4 章でやったように基本変形で求めればよいのだが，まず次の計算をみてほしい：

$$\begin{aligned}
\overline{A}^2 &= \begin{pmatrix} 1 & 1 & 1 & 0 \\ 1 & 1 & 0 & 1 \\ 1 & 0 & 1 & 1 \\ 0 & 1 & 1 & 1 \end{pmatrix} \begin{pmatrix} 1 & 1 & 1 & 0 \\ 1 & 1 & 0 & 1 \\ 1 & 0 & 1 & 1 \\ 0 & 1 & 1 & 1 \end{pmatrix} \\
&= \begin{pmatrix} 3 & 2 & 2 & 2 \\ 2 & 3 & 2 & 2 \\ 2 & 2 & 3 & 2 \\ 2 & 2 & 2 & 3 \end{pmatrix} \\
&= \begin{pmatrix} 1 & 0 & 0 & 0 \\ 0 & 1 & 0 & 0 \\ 0 & 0 & 1 & 0 \\ 0 & 0 & 0 & 1 \end{pmatrix} \quad \begin{array}{l} (\Leftarrow \text{mod } 2 \text{ の世界では，} 2 = 1 + 1 = 0, \\ 3 = 1 + 1 + 1 = 0 + 1 = 1 \text{ だから}) \end{array}
\end{aligned}$$

したがって，mod 2 の世界では $\overline{A} \cdot \overline{A} = E_4$ であり，$\overline{A}^{-1} = \overline{A}$ が成り立っている．ということは，基本変形はいっさい必要なく，$\overline{A}$ を初期状態のベクトル $\boldsymbol{c}$ に掛ければ，押すべきライトがわかる．たとえば，「1」と「2」が点灯しているときは

$$\overline{A}\,\boldsymbol{c} = \begin{pmatrix} 1 & 1 & 1 & 0 \\ 1 & 1 & 0 & 1 \\ 1 & 0 & 1 & 1 \\ 0 & 1 & 1 & 1 \end{pmatrix} \begin{pmatrix} 1 \\ 1 \\ 0 \\ 0 \end{pmatrix} = \begin{pmatrix} 0 \\ 0 \\ 1 \\ 1 \end{pmatrix}$$

だから，「3」と「4」を押せば消える．

　では，本来の 3×3 のライツアウトにもどろう．$\overline{A}$ は次のようになる：

$$\overline{A} = \begin{pmatrix} 1 & 1 & 0 & 1 & 0 & 0 & 0 & 0 & 0 \\ 1 & 1 & 1 & 0 & 1 & 0 & 0 & 0 & 0 \\ 0 & 1 & 1 & 0 & 0 & 1 & 0 & 0 & 0 \\ 1 & 0 & 0 & 1 & 1 & 0 & 1 & 0 & 0 \\ 0 & 1 & 0 & 1 & 1 & 1 & 0 & 1 & 0 \\ 0 & 0 & 1 & 0 & 1 & 1 & 0 & 0 & 1 \\ 0 & 0 & 0 & 1 & 0 & 0 & 1 & 1 & 0 \\ 0 & 0 & 0 & 0 & 1 & 0 & 1 & 1 & 1 \\ 0 & 0 & 0 & 0 & 0 & 1 & 0 & 1 & 1 \end{pmatrix}$$

その逆行列は，残念ながら $\overline{A}$ 自身ではないが，基本変形で簡単に求めることができて

$$\overline{A}^{-1} = \begin{pmatrix} 1 & 0 & 1 & 0 & 0 & 1 & 1 & 1 & 0 \\ 0 & 0 & 0 & 0 & 1 & 0 & 1 & 1 & 1 \\ 1 & 0 & 1 & 1 & 0 & 0 & 0 & 1 & 1 \\ 0 & 0 & 1 & 0 & 1 & 1 & 0 & 0 & 1 \\ 0 & 1 & 0 & 1 & 1 & 1 & 0 & 1 & 0 \\ 1 & 0 & 0 & 1 & 1 & 0 & 1 & 0 & 0 \\ 1 & 1 & 0 & 0 & 0 & 1 & 1 & 0 & 1 \\ 1 & 1 & 1 & 0 & 1 & 0 & 0 & 0 & 0 \\ 0 & 1 & 1 & 1 & 0 & 0 & 1 & 0 & 1 \end{pmatrix}$$

となるので，やはり初期状態のベクトルにこの行列 $\overline{A}^{-1}$ を掛ければ解が得られる．たとえば，図 A.3 のように「$1, 6, 8, 9$」が点灯している初期状態ならば，

$$\overline{A}^{-1}(e_1 + e_6 + e_8 + e_9) = e_1 + e_3 + e_6 + e_7 + e_8 + e_9$$

となるから，「$1, 3, 6, 7, 8, 9$」を押せば全部消える．

　以下のサイトでいろいろなサイズのライツアウトを楽しむことができる：

https://nyc.cs.berkeley.edu/uni/puzzles/lightsout/variants/3

参 考 文 献

　本書よりさらに進んで線形代数学を学びたい読者のために，いくつか参考書
をあげておく．

[1]　ハワード・アントン著／山下純一訳「アントンのやさしい線型代数 (新装
　　版)」，2020 年

　あつかっている題材は本書とほぼ同じだが，行列式の構成や，1 次変換とし
ての行列のとらえ方など，線形代数の理論的な側面もあわせて解説され，記述
も丁寧である．

[2]　斎藤正彦著「線型代数学」東京図書，2014 年

　前半は本書で扱った内容を，線形空間論の用語と関連づけながら解説するこ
とで，後半の公理的な扱いへとスムーズにつながるように工夫されている．ま
た，固有ベクトルという対象を広義固有空間という線形空間の元としてとらえ
直すことで，いわゆる単因子論を経由せずにジョルダン標準形の理論を構築し
ているのも注目される．

[3]　江沢 洋・島 和久著「群と表現」岩波書店，2009 年

　線形代数学の，数学のみならず物理学や工学での最も重要な応用としての群
の表現論を，現代的な視点から平明に解説している．量子力学における原子・
分子のエネルギー準位の分類についても，表現論の立場から丁寧に解説されて
おり，そこから自然に現れる線形 Lie 群とその Lie 代数の理論への入門の役割
も果たしている．

練習問題略解

第 1 章

1. (1) $\begin{pmatrix} 6 & 5 & 4 \\ 3 & 2 & 1 \end{pmatrix}$ (2) $\begin{pmatrix} 3 & 1 \\ 4 & 1 \end{pmatrix}$

2. (1) 3 (2) $\begin{pmatrix} -1 & -3 \\ -1 & 1 \end{pmatrix}$

3. $x = 3,\ y = -1$.

4. (1) $a = -5,\ b = 2,\ c = 3,\ d = -1$. (2) $\begin{pmatrix} 1 & 0 \\ 0 & 1 \end{pmatrix}$

第 2 章

1. (1) $(x, y) = (2, -1)$ (2) $(x, y) = (3, 1)$ (3) $(x, y) = (1, -3)$

2. (1) $(x, y, z) = (3, -2, 1)$ (2) $(x, y, z) = (2, 1, 0)$

3. (1) $a = -3$ (2) $b = 8,\ c = -5$

第 3 章 (以下の練習問題 1, 2 の解答において α はパラメータである.)

1. (1) $(x, y, z) = (4\alpha - 1, -3\alpha + 1, \alpha)$ (2) $(x, y, z) = (-2\alpha + 1, \alpha, 1)$

2. (1) $(x, y, z, w) = (3\alpha - 2, -\alpha + 2, -\alpha + 2, \alpha)$ (2) $(x, y, z.w) = (-2\alpha + 3. \alpha, 1, 1)$

3. $\begin{pmatrix} 1 & 0 & -1 & 0 & -5 & 12 \\ 0 & 1 & -2 & 0 & 4 & -9 \\ 0 & 0 & 0 & 1 & 2 & -6 \\ 0 & 0 & 0 & 0 & 0 & 0 \\ 0 & 0 & 0 & 0 & 0 & 0 \end{pmatrix}$, ランクは 3.

4. (1) $a = 11$ (2) $a = 4, 12$

第 4 章

1. (1) $\begin{pmatrix} -5 & 3 \\ 2 & -1 \end{pmatrix}$ (2) $\begin{pmatrix} \frac{1}{5} & \frac{2}{5} \\ -\frac{1}{5} & \frac{3}{5} \end{pmatrix}$ (3) $\begin{pmatrix} -6 & 5 & -1 \\ 4 & -5 & 2 \\ -1 & 2 & -1 \end{pmatrix}$

(4) $\begin{pmatrix} -4 & -3 & -2 \\ 2 & 0 & -1 \\ 3 & 1 & 0 \end{pmatrix}$ (5) $\begin{pmatrix} 0 & 0 & 0 & 1 \\ 1 & 0 & 0 & 0 \\ 0 & 1 & 0 & 0 \\ 0 & 0 & 1 & 0 \end{pmatrix}$ (6) $\begin{pmatrix} 1 & 0 & -1 & -1 \\ 0 & 0 & -1 & -1 \\ -1 & -1 & 0 & 0 \\ -1 & -1 & 0 & 1 \end{pmatrix}$

2. (1) $a = 9$ (2) $a = 1, -2$

第 5 章

1. (1) $\begin{pmatrix} 1 & 0 \\ 4 & 1 \end{pmatrix}$ (2) $\begin{pmatrix} 1 & 0 \\ 0 & -1 \end{pmatrix}$ (3) $\begin{pmatrix} 0 & 1 \\ 1 & 0 \end{pmatrix}$

(4) $\begin{pmatrix} 1 & 5 & 0 \\ 0 & 1 & 0 \\ 0 & 0 & 1 \end{pmatrix}$ (5) $\begin{pmatrix} 1 & 0 & 0 \\ 0 & 1 & 0 \\ 0 & 0 & -4 \end{pmatrix}$ (6) $\begin{pmatrix} 1 & 0 & 0 \\ 0 & 0 & 1 \\ 0 & 1 & 0 \end{pmatrix}$

2. (1) $E_2(1, 2; -3)$ (2) $E_2(2; 4)$ (3) $E_2(1, 2)$

(4) $E_3(3, 1; -2)$ (5) $E_3\left(3; \frac{1}{3}\right)$ (6) $E_3(1, 3)$

第 6 章

1. (1) $E_2(1, 2; 3)E_2(2; -2)E_2(2, 1; 2)$ (2) $E_2(1; 2)E_2(2; 3)$

(3) $E_3(2, 1; 1)E_3(2, 3; 1)$ (4) $E_3(2, 1; 2)E_3(3, 1; -1)E_3(3, 2; 2)$

(5) $E_n(1; \lambda_1)E_n(2; \lambda_2) \cdots E_n(n; \lambda_n)$ (6) $E_4(1, 4)E_4(2, 3)$

第 7 章

1. (1) -16 (2) -6 (3) -3 (4) 5

2. (1) $x = 1$ (2) $x = 1, -2$

3. $-(x - y)(x - z)(y - z)$

第 8 章

1. (1) 55 (2) -6

2. $1 - a^4$

第 9 章

1. (1) -3 (2) -35

2. (1) $a_3 = 2, a_4 = 0$ (2) $a_n = 1 - (-1)^n$

第 10 章

1. (1) $\begin{pmatrix} -1 & -2 & 8 \\ 0 & 1 & -3 \\ 1 & 1 & -4 \end{pmatrix}$ (2) $\begin{pmatrix} -2a - 1 & -4a - 3 & 2 \\ 1 & 2 & 0 \\ a + 1 & 2a + 3 & -1 \end{pmatrix}$

2. (1) $a = \pm\dfrac{\sqrt{2}}{2}$. 逆行列は $\dfrac{1}{2a^2 - 1}\begin{pmatrix} a^2 - 1 & a & -a^2 \\ a & -1 & a \\ -a^2 & a & a^2 - 1 \end{pmatrix}$

(2) $a = 1, -\dfrac{1}{2}$. 逆行列は $\dfrac{1}{(a-1)(2a+1)} \begin{pmatrix} -a-1 & a & a \\ a & -a-1 & a \\ a & a & -a-1 \end{pmatrix}$

(3) $a = \pm 1, \pm i$. 逆行列は $\dfrac{1}{a^4-1} \begin{pmatrix} -1 & a & -a^2 & a^3 \\ a^3 & -1 & a & -a^2 \\ -a^2 & a^3 & -1 & a \\ a & -a^2 & a^3 & -1 \end{pmatrix}$

第 11 章

1. (1) $x = \dfrac{2}{3},\ y = \dfrac{1}{3}$ (2) $x = 2,\ y = -3$ (3) $x = -3,\ y = 3,\ z = -2$

(4) $x = -1,\ y = 0,\ z = 1$

2. $x = \dfrac{a^2 + ab + b^2}{a+b},\ y = -\dfrac{ab}{a+b}$

第 12 章

1. (1) $\boldsymbol{a}_1 - 2\boldsymbol{a}_2 + \boldsymbol{a}_3 = \boldsymbol{0}$ (2) $3\boldsymbol{a}_1 - 2\boldsymbol{a}_2 + \boldsymbol{a}_3 = \boldsymbol{0}$ (3) $5\boldsymbol{a}_1 - 3\boldsymbol{a}_2 + \boldsymbol{a}_3 = \boldsymbol{0}$

2. (1) $\boldsymbol{a}_3 = -\boldsymbol{a}_1 + 2\boldsymbol{a}_2$ (2) $\boldsymbol{a}_3 = -3\boldsymbol{a}_1 + 2\boldsymbol{a}_2$ (3) $\boldsymbol{a}_3 = -4\boldsymbol{a}_1 + 3\boldsymbol{a}_2$

第 13 章

1. (1) 固有値は $5, -3$. それぞれに関する固有ベクトルは

$$\alpha \begin{pmatrix} 2 \\ 1 \end{pmatrix} \quad (\alpha \neq 0), \qquad \beta \begin{pmatrix} -2 \\ 1 \end{pmatrix} \quad (\beta \neq 0).$$

(2) 固有値は $-1, 5$. それぞれに関する固有ベクトルは

$$\alpha \begin{pmatrix} -1 \\ 1 \end{pmatrix} \quad (\alpha \neq 0), \qquad \beta \begin{pmatrix} 2 \\ 1 \end{pmatrix} \quad (\beta \neq 0).$$

(3) 固有値は $0, 1, 5$. それぞれに関する固有ベクトルは

$$\alpha \begin{pmatrix} 1 \\ -1 \\ 1 \end{pmatrix} \quad (\alpha \neq 0), \qquad \beta \begin{pmatrix} 1 \\ 0 \\ -1 \end{pmatrix} \quad (\beta \neq 0), \qquad \gamma \begin{pmatrix} 1 \\ 4 \\ 11 \end{pmatrix} \quad (\gamma \neq 0).$$

(4) 固有値は $1, -1, -2$. それぞれに関する固有ベクトルは

$$\alpha \begin{pmatrix} 1 \\ 1 \\ 1 \end{pmatrix} \quad (\alpha \neq 0), \qquad \beta \begin{pmatrix} 1 \\ -1 \\ 1 \end{pmatrix} \quad (\beta \neq 0), \qquad \gamma \begin{pmatrix} 1 \\ -2 \\ 4 \end{pmatrix} \quad (\gamma \neq 0).$$

2. $A = \begin{pmatrix} 1 & 2 \\ 3 & -4 \end{pmatrix}$

第 14 章

1. (1) $\dfrac{1}{5}\begin{pmatrix} 6^k+4 & 4\cdot 6^k-4 \\ 6^k-1 & 4\cdot 6^k+1 \end{pmatrix}$

(2) $\begin{pmatrix} \dfrac{1+(-1)^k}{2} & \dfrac{1-(-1)^k}{2} \\ \dfrac{1-(-1)^k}{2} & \dfrac{1+(-1)^k}{2} \end{pmatrix}$

(3) $\begin{pmatrix} 2^k & \dfrac{3^k-1}{2} & \dfrac{-2^{k+1}+3^k+1}{2} \\ 0 & \dfrac{3^k+1}{2} & \dfrac{3^k-1}{2} \\ 0 & \dfrac{3^k-1}{2} & \dfrac{3^k+1}{2} \end{pmatrix}$

2. $a=2,\ k=6.$

第 15 章 (以下の練習問題 1 の解答において α_1, α_2, α_3 はパラメータである.)

1. (1) $\begin{cases} y_1=\alpha_1 e^{3x}+\alpha_2 e^{-x} \\ y_2=\alpha_1 e^{3x}-\alpha_2 e^{-x} \end{cases}$ (2) $\begin{cases} y_1=5\alpha_1 e^{4x}-\alpha_2 e^{-2x} \\ y_2=\alpha_1 e^{4x}+\alpha_2 e^{-2x} \end{cases}$

(3) $\begin{cases} y_1=3\alpha_1 e^{-x}-\alpha_3 e^{3x} \\ y_2=5\alpha_1 e^{-x}-\alpha_2 e^{2x}+\alpha_3 e^{3x} \\ y_3=4\alpha_1 e^{-x}+\alpha_2 e^{2x} \end{cases}$

2. (1) $\begin{cases} y_1=2e^{3x}+3e^{-x} \\ y_2=2e^{3x}-3e^{-x} \end{cases}$ (2) $\begin{cases} y_1=5e^{4x}-2e^{-2x} \\ y_2=e^{4x}+2e^{-2x} \end{cases}$

(3) $\begin{cases} y_1=6e^{-x}-5e^{3x} \\ y_2=10e^{-x}-3e^{2x}+5e^{3x} \\ y_3=8e^{-x}+3e^{2x} \end{cases}$

3. 与えられた微分方程式より, $y''=-by-ay'$ だから,

$$\begin{pmatrix} y_1 \\ y_2 \end{pmatrix}' = \begin{pmatrix} y_1' \\ y_2' \end{pmatrix} = \begin{pmatrix} y' \\ y'' \end{pmatrix} = \begin{pmatrix} y' \\ -by-ay' \end{pmatrix}$$

$$= \begin{pmatrix} y_2 \\ -by_1-ay_2 \end{pmatrix} = \begin{pmatrix} 0 & 1 \\ -b & -a \end{pmatrix} \begin{pmatrix} y_1 \\ y_2 \end{pmatrix}$$

4. (1) $4e^{2x}+e^{-3x}$ (2) $e^{5x}+2e^{-3x}$

第 16 章

1. (1) $a_n = 3^n + (-2)^n$　　(2) $a_n = -2 \cdot 2^n + 5^n$　　(3) $a_n = 4 + (-3)^n$

(4) $a_n = -(-1)^n + 2^n + (-2)^n$　　(5) $a_n = 2 \cdot (-1)^n - 3 \cdot 2^n + 3^n$

第 17 章

1. (1) $a = 3$　　(2) $a = 3, 5$

2. 内積 $(\boldsymbol{p}, \boldsymbol{x})$ は $\det \begin{pmatrix} a & d & a \\ b & e & b \\ c & f & c \end{pmatrix}$ の第 3 列に関する余因子展開に等しいが，この行

列式は第 1 列と第 3 列が等しいから 0 である．また，内積 $(\boldsymbol{q}, \boldsymbol{x})$ は $\det \begin{pmatrix} a & d & d \\ b & e & e \\ c & f & f \end{pmatrix}$

の第 3 列に関する余因子展開に等しく，やはり 0 である．

第 18 章

1. (1) $\dfrac{1}{\sqrt{5}} \begin{pmatrix} 1 \\ 2 \end{pmatrix}$,　$\dfrac{1}{\sqrt{5}} \begin{pmatrix} 2 \\ -1 \end{pmatrix}$

(2) $\dfrac{1}{\sqrt{6}} \begin{pmatrix} 1 \\ 1 \\ -2 \end{pmatrix}$,　$\dfrac{1}{\sqrt{2}} \begin{pmatrix} 1 \\ -1 \\ 0 \end{pmatrix}$,　$\dfrac{1}{\sqrt{3}} \begin{pmatrix} 1 \\ 1 \\ 1 \end{pmatrix}$

(3) $\dfrac{1}{2} \begin{pmatrix} 1 \\ 1 \\ 1 \\ 1 \end{pmatrix}$,　$\dfrac{1}{2} \begin{pmatrix} 1 \\ 1 \\ -1 \\ -1 \end{pmatrix}$,　$\dfrac{1}{2} \begin{pmatrix} 1 \\ -1 \\ 1 \\ -1 \end{pmatrix}$,　$\dfrac{1}{2} \begin{pmatrix} 1 \\ -1 \\ -1 \\ 1 \end{pmatrix}$

2. (1) $-\boldsymbol{e}_1 + 5\boldsymbol{e}_3 - 2\boldsymbol{e}_4$　　(2) $\boldsymbol{e}_1 - \boldsymbol{e}_2 - \boldsymbol{e}_3 - \boldsymbol{e}_4$　　(3) $\boldsymbol{e}_1 + \boldsymbol{e}_3$

3. $a = b = c = -\dfrac{1}{2}$, $\dfrac{1}{3} \begin{pmatrix} -1 \\ 2 \\ 2 \end{pmatrix}$,　$\dfrac{1}{3} \begin{pmatrix} 2 \\ -1 \\ 2 \end{pmatrix}$,　$\dfrac{1}{3} \begin{pmatrix} 2 \\ 2 \\ -1 \end{pmatrix}$.

第 19 章

1. (1) $\begin{pmatrix} 10 & 14 \\ 14 & 20 \end{pmatrix}$　　(2) $\begin{pmatrix} 6 & 0 & 9 \\ 0 & 11 & 0 \\ 9 & 0 & 30 \end{pmatrix}$　　(3) $\begin{pmatrix} 14 & 11 & 11 \\ 11 & 14 & 11 \\ 11 & 11 & 14 \end{pmatrix}$

2. (1) 固有値は $\lambda = -1, 3$. それぞれに関する固有ベクトルは $\alpha \begin{pmatrix} -1 \\ 1 \end{pmatrix}$ $(\alpha \neq 0)$ と

$\beta \begin{pmatrix} 1 \\ 1 \end{pmatrix}$ $(\beta \neq 0)$，これらの内積は 0 だから直交する．

(2) 固有値は $\lambda = 1, 3$. それぞれに関する固有ベクトルは $\alpha \begin{pmatrix} 1 \\ 1 \end{pmatrix}$ $(\alpha \neq 0)$ と $\beta \begin{pmatrix} -1 \\ 1 \end{pmatrix}$

$(\beta \neq 0)$，これらの内積は 0 だから直交する．

(3) 固有値は $\lambda = -1, 1, 5$. それぞれに関する固有ベクトルは $\alpha \begin{pmatrix} 1 \\ -1 \\ 1 \end{pmatrix}$ $(\alpha \neq 0)$,

$\beta \begin{pmatrix} -1 \\ 0 \\ 1 \end{pmatrix}$ $(\beta \neq 0)$, $\gamma \begin{pmatrix} 1 \\ 2 \\ 1 \end{pmatrix}$ $(\gamma \neq 0)$ である. 2 つずつペアにして内積をとるとどれ

も 0 になり, 互いに直交する.

3. (1) $a = b = \pm \dfrac{1}{\sqrt{2}}$ （複号同順）

(2) $a = \pm \dfrac{2}{\sqrt{6}}$, $b = \mp \dfrac{1}{\sqrt{6}}c = \mp \dfrac{1}{\sqrt{6}}$ （複号同順）

第 20 章

1. (1) $P = \begin{pmatrix} -\frac{1}{\sqrt{2}} & \frac{1}{\sqrt{2}} \\ \frac{1}{\sqrt{2}} & \frac{1}{\sqrt{2}} \end{pmatrix}$, $P^{-1}AP = \begin{pmatrix} -1 & 0 \\ 0 & 5 \end{pmatrix}$

(2) $P = \begin{pmatrix} \frac{1}{\sqrt{5}} & -\frac{2}{\sqrt{5}} \\ \frac{2}{\sqrt{5}} & \frac{1}{\sqrt{5}} \end{pmatrix}$, $P^{-1}AP = \begin{pmatrix} 7 & 0 \\ 0 & -3 \end{pmatrix}$

(3) $P = \begin{pmatrix} \frac{1}{\sqrt{3}} & \frac{1}{\sqrt{6}} & -\frac{1}{\sqrt{2}} \\ \frac{1}{\sqrt{3}} & -\frac{2}{\sqrt{6}} & 0 \\ \frac{1}{\sqrt{3}} & \frac{1}{\sqrt{6}} & \frac{1}{\sqrt{2}} \end{pmatrix}$, $P^{-1}AP = \begin{pmatrix} 4 & 0 & 0 \\ 0 & 1 & 0 \\ 0 & 0 & -1 \end{pmatrix}$

(4) $P = \begin{pmatrix} -\frac{1}{\sqrt{2}} & -\frac{1}{\sqrt{6}} & \frac{1}{\sqrt{3}} \\ \frac{1}{\sqrt{2}} & -\frac{1}{\sqrt{6}} & \frac{1}{\sqrt{3}} \\ 0 & \frac{2}{\sqrt{6}} & \frac{1}{\sqrt{3}} \end{pmatrix}$, $P^{-1}AP = \begin{pmatrix} 1 & 0 & 0 \\ 0 & 1 & 0 \\ 0 & 0 & -2 \end{pmatrix}$

2. (1) $P = \begin{pmatrix} \frac{1}{\sqrt{2}} & -\frac{1}{\sqrt{2}} \\ \frac{1}{\sqrt{2}} & \frac{1}{\sqrt{2}} \end{pmatrix}$, $P^{-1}AP = \begin{pmatrix} 1+a & 0 \\ 0 & 1-a \end{pmatrix}$

(2) $P = \begin{pmatrix} -\frac{1}{\sqrt{2}} & -\frac{1}{\sqrt{6}} & \frac{1}{\sqrt{3}} \\ \frac{1}{\sqrt{2}} & -\frac{1}{\sqrt{6}} & \frac{1}{\sqrt{3}} \\ 0 & \frac{2}{\sqrt{6}} & \frac{1}{\sqrt{3}} \end{pmatrix}$, $P^{-1}AP = \begin{pmatrix} -a & 0 & 0 \\ 0 & -a & 0 \\ 0 & 0 & 2a \end{pmatrix}$

索　引

著 者 略 歴

硲　　文　夫
（はざま　　ふみ　お）

1976年　東京大学理学部数学科卒業
1990年　東京電機大学理工学部助教授
1996年　東京電機大学理工学部教授
　　　　現在に至る（理学博士）

主 要 著 書

『初等代数学』（森北出版）
『代数学』（森北出版）
『論理と代数の基礎＝初めて学ぶ人のために』
（培風館）
『大学生の基礎数学―ある日の授業風景』
（学術図書出版社）
『大学生の微積分学』（学術図書出版社）
『数学の養樹園』（学術図書出版社）

© 硲　文　夫　2024

1998 年 9 月 22 日　初　版　発　行
2024 年 11 月 12 日　改 訂 版 発 行

理工系の 線 形 代 数

著　者　硲　　文　夫
発行者　山　本　　格

発 行 所　株式会社　培　風　館
東京都千代田区九段南 4-3-12・郵便番号 102-8260
電　話(03)3262-5256(代表)・振　替 00140-7-44725

平文社印刷・牧 製本

PRINTED IN JAPAN

ISBN 978-4-563-01254-0　C3041